环境经济与政策

（第四辑）

Journal of Environmental Economics and Policy

李善同 主编

科学出版社
北京

内 容 简 介

《环境经济与政策》是由中国科学院虚拟经济与数据科学研究中心、环境保护部环境规划院、中国人民大学环境学院联合主办，中国环境科学学会环境经济学分会提供学术支持，科学出版社出版的环境经济与环境政策领域的专业性学术刊物，反映国内环境经济与环境政策研究的前沿动态和最新研究进展。第四辑是中国环境科学学会环境经济学分会2012年学术年会论文集专辑，内容涉及能源消费和碳排放、消费者支付意愿和生态补偿、新型城市化、环境污染的治理资金筹措、环境税、环境责任保险、排放权分配等问题，涵盖了当前我国环境经济与环境政策研究的热点领域。

本书可以作为环境经济、环境管理、环境政策、资源经济以及可持续发展等领域的高校师生、研究人员和相关政府部门的专业参考资料。

图书在版编目（CIP）数据

环境经济与政策．第4辑/李善同主编．—北京：科学出版社，2013

ISBN 978-7-03-038682-3

I. ①环… II. ①李… III. ①环境经济-中国-文集 ②环境政策-中国-文集
IV. ①X196-53 ②X-012

中国版本图书馆CIP数据核字（2013）第226211号

责任编辑：侯俊琳 石 卉 闵敬淞/责任校对：韩 杨
责任印制：徐晓晨/封面设计：无极书装

科学出版社出版
北京东黄城根北街16号
邮政编码：100717
http://www.sciencep.com

北京凌奇印刷有限责任公司印刷
科学出版社发行 各地新华书店经销
*
2013年11月第 一 版 开本：720×1000 1/16
2020年 5 月第二次印刷 印张：12
字数：241 000

定价：55.00元

（如有印装质量问题，我社负责调换）

编 委 会

卷首语

进入2013年，中国多地出现的雾霾天气，把全社会对环境问题的关注推到了前所未有的高度。越来越多的人认识到，城市环境污染的深层次原因是过去30年来快速工业化和城镇化过程积累的高耗能、高排放行业产能过剩、能源消费量过大和以煤为主的能源结构持续强化、城市机动车保有量快速增长和油品质量不高等导致的环境污染物排放总量超过环境容量、城市环境持续恶化。越来越多的关注投向了对经济发展和环境保护关系的思考。

《环境经济与政策》（第四辑）是中国环境科学学会环境经济学分会2012年学术年会论文集专辑。环境经济学分会2012年学术年会共收到论文44篇，我们从中筛选出16篇优秀论文，收录到本专辑出版。这些论文涉及能源消费和碳排放、消费者支付意愿和生态补偿等环境经济问题，也涉及环境污染的治理资金筹措、环境税、环境责任保险、排放权分配等环境政策和环境管理问题，体现了我国环境经济工作者对当前经济发展与环境保护关系的积极思考，也反映了我国环境经济学领域青年学者的研究水平。

创新的时代呼唤创新的成果。长风破浪会有时，直挂云帆济沧海。在资源环境问题受到前所未有的高度关注、建设美丽中国的关键时期，相信我国环境经济学者可以大展身手、大展宏图。

李善同　王金南　石敏俊

2013年9月7日

目录

卷首语

研究论文

政策研究

综述评论

征稿通知

Contents

研究论文
Article

人口密度对家庭能源消耗的影响研究
——来自长三角的实证分析①

□张　蕾②夏姣儿　陆侠科
（浙江理工大学经济管理学院）

摘要：伴随着城市化进程，人口密度的增加在城市能源消费中扮演着重要的角色。本文着重考察了能源消费和人口密度的关系。运用 1999～2009 年长三角 16 个城市的数据，进行面板数据分析，发现在控制了其他变量之后，人口密度和能源消费之间存在着 U 形关系。这意味着城市存在着对应最低能源消费的最佳人口密度。

关键词：能源消费　人口密度　长三角

Effect of Population Density on Household Energy Consumption——Empirical research from Yangtze River Delta in China

Zhang Lei, Xia jaoer, Lu Xiake

Abstract: As the process of urbanization, increase of population density play important role in energy consumption. In this paper, it concerns the relationship between energy consumption and population density. Using Panel data of sixteen cities in Yangtze River Delta from 1999 to 2009, this paper finds

---

① 感谢国家自然科学基金（70873112）和上海市教委科研创新项目（13YZ053）的资助。

② 张蕾，通信地址：杭州市下沙高教园区浙江理工大学经济管理学院；邮编：310020；邮箱：zhanglei_bud@hotmail.com。

that U shape between energy consumption and population density exists when controlling other variables. It means that cities have optimal population density for minimum energy consumption.

Key words: Energy consumption Population density Yangtze River Delta

城市是人口集聚的地方，同样也是能源消费的地方。随着中国工业化和城市化的进程，新的城市不断出现，城市规模不断增加，与此同时，能源消费也在不断上升。从20世纪90年代以来，伴随中国城市化进程的能源消费问题成为当前中国最重要的话题之一。本文主要对城市能源消费和人口密度之间的关系进行了分析。

1 文献综述

1.1 能源消费与经济增长的关系

能源消费与经济增长之间存在着互动关系。Mahadevan 和 Asafu-Adjaye[1]的研究表明，在发达国家，能源消费和经济增长具有双向因果关系，在发展中国家，能源消费可以在短期内刺激经济增长。在一些发展中国家，能源投入的重要性甚至要大于资本和劳动投入的重要性[2]。Thomas[3]分析了中国1990年以来经济增长和能源消费的关系，他认为，在中国不可能实现在经济增长的同时，能源消费下降。同时，经济结构的变化会引起能源消费的变化。由于各产业对能源需求的差异，结构变动的影响程度和作用方向是不完全一致的，新型工业化道路不仅会加快工业化的进程，影响产业结构的演变，而且会大大降低能源消费强度。绿色增长的概念就是试图改变经济增长与环境之间的破坏性关系。绿色增长面临的最关键问题是对于贫困国家而言是否可以同时实现绿色和繁荣并存的局面。

1.2 能源消费与城市化进程的关系

城市化对能源消费具有两方面的作用，一方面，由于城市化所推动的经济增长和生活水平的提高会增加对能源消费总量的增加，另一方面，工业结构、技术结构和产业结构的调整和优化，使资源可以得到更为充分和有效的使用，从而带来能源消费的降低[4]。刘耀彬[5]发现，在中国的城市化和能源消费之间存在着长期的均衡关系，但在不同的城市化阶段，能源消费具有很大的不同。

梁进社等[6]发现，在中国过去 20 年的快速城市化进程中，生产性能源消费在整个能源消费中占有非常重要的地位，而生活性能源消费才开始加大。梁朝晖[7]运用 1953～2007 年的数据进行协整分析，发现中国城市化和工业化与能源消费存在长期均衡关系，城市化和工业化是能源消费变动的原因。马磊[8]分析中国 1995～2005 年的工业污染数据后发现伴随着城市化进程，工业污染经历了一个倒 U 形变化的过程。

1.3　能源消费与城市形态的关系

城市化进程中，不同的城市规模、空间结构会对能源消费产生不一样的影响。Parik 和 Vibhooti[9]指出，通常能源支出与空间结构相关，能源消费与城市规模相关，紧凑型城市结构会比松散型城市结构更节约能源。Newman 和 Kenworthy[10]对全世界各大城市的人均石油消耗量与人口密度进行比较，发现城市密度与人均能耗之间存在着某种规律性的联系，要降低城市能耗及温室气体排放量，需采取措施提高城市密度并改善交通。Mindali 等[11]通过合图法及多元统计方法检验西方国家城市密度与人均能源消耗之间的关系，发现城市密度有利于降低人均能耗，而能源消耗对城市密度没有直接冲击。Karathodorou 等[12]利用城市能源需求模型估计了城市密度所引起的能源需求弹性变动，发现城市密度主要通过影响汽车保有量、出行距离等进而影响燃油消费量。程开明[13]在阐述城市紧凑度影响能源消耗理论机制的基础上，运用截面和面板数据，得出城市紧凑度越高、人均能源消耗量越低的结论。

2　数据和模型

2.1　数据

长三角都市圈是中国发展最快速的区域之一，广义的长三角包括上海、江苏和浙江等，长江三角洲城市群一般指上海、南京、无锡、常州、苏州、南通、镇江、扬州、泰州、杭州、宁波、嘉兴、湖州、绍兴、舟山、台州 16 个地级及以上城市，即长江三角洲城市经济协调会会员城市。长三角是中国目前最大的人口集聚地，占全国 1.15%的面积，集聚了 7.85%的人口，创造的 GDP 占全国 GDP 的 16.56%（表 1）。2010 年长三角人口密度为全国的 3.43 倍。可以说，长三角是中国快速城市化进程中发展最为典型的区域之一。

表 1　长三角人口经济情况（2010 年）

Tab. 1　Population and economy of Yangtze River Delta in 2010

	常住人口		面积		GDP		人均 GDP /元	常住人口密度 /（人/平方公里）
	数量 /万人	比重 /%	数量 /平方公里	比重 /%	数量 /亿元	比重 /%		
长三角地区	10 763.26	7.85	110 115	1.15	59 978.93	16.56	60 797	977.46
上海	2 301.91	1.68	6 340	0.07	15 046.45	4.15	78 989	3 630.77
江苏 8 市	4 890.99	3.57	48 522	0.51	27 544.31	7.60	67 604	1 007.99
浙江 7 市	3 570.36	2.61	55 253	0.58	17 388.17	4.80	50 419	646.18
全国（含港澳）	137 053.69	100	9 600 000	100	362 194.3	100	25 575	284.33

资料来源：人口数据来自《2010 年第六次全国人口普查主要数据公报》，其他数据来自《2010 中国城市统计年鉴》和《2010 中国统计年鉴》

本文研究的数据是 1999～2009 年长三角 16 个城市的数据，这些数据来自于 2000～2010 年的《中国城市统计年鉴》。

2.2　模型

本文主要运用面板数据来分析人口密度对能源消费的影响。回归模型如下：

$$Y_{it}=\beta_0+\beta_1\ (\mathrm{Gdppp})_{it}+\beta_2\ (\mathrm{Is})_{it}+\beta_3\ (\mathrm{Den})_{it}+\beta_4\ (\mathrm{Den})_{it}^2+\beta_5\ (\mathrm{Transp})_{it}+\mu_{it}$$

式中，i 为第 i 个观察值；t 为时间；β 为自变量的系数。Y 为能源消费，分别表示城市家庭生活用电消费、家庭煤气消费和家庭液化石油气消费。人均 GDP 变量是为了控制收入的影响，随着收入的增加，能源消费会一起增加。Is 是第二、第三产业占 GDP 份额的比重，用来控制经济结构的影响。Den 是一个城市的人口密度，用来度量城市化的作用。本文预期城市化与能源消费之间呈现 U 形的关系。也就是说，随着人口的集聚，存在着最低的能源消费水平。交通变量 Transp 用的是城市中每万人的公共汽车数量及公共汽车运输总量，用来控制城市形态的变量。

本文基于 1999～2009 年的长三角 16 个城市的面板数据，分别进行了固定效应分析和随机效应分析。通过 Hausman 检验来选择合适的结果。

3　计量结果估计

因变量为城市能源消费，如城市家庭生活用电消费、家庭煤气消费和家庭液化石油气的消费。控制变量为人均 GDP、产业结构、人口密度、人口密度的平方项和城市交通状况。变量的描述统计分析见表 2。

表 2　变量的描述统计分析

Tab. 2　Descriptive analysis of variables

	平均值	方差	最小值	最大值	变量数	单位
家庭生活用电消费	86 878.55	225 626.7	13 693	152 519	175	万千瓦时
家庭煤气消费	17 185.47	51 817.42	4	330 288	174	万立方米
家庭液化石油气消费	54 187.68	66 038.94	1 853	490 561	175	吨
人均 GDP	34 754.83	21 267.53	7 359.84	122 565	173	元
产业结构	1.45	0.31	0.67	2.19	175	%
人口密度	789.66	372.39	371	2 209.31	175	人/平方公里
人口密度的平方项	761 460.3	967 367.4	137 641	4 881 051	175	/
每万人公共汽车运输总量	8.31	3.84	2.2	19.03	175	辆
公共汽车运输总量	37 890.45	65 595.65	721	283 800	175	万人次

长三角城市的家庭平均生活用电消费约为 86 878 万千瓦时，家庭平均煤气消费为 17 185 万立方米，家庭平均液化石油气消费为 54 188 吨，长三角城市的人均 GDP 为 34 754 元，平均人口密度为 789.66 人/平方公里。基于模型进行面板数据回归，回归结果见表 3。

表 3　面板分析回归结果

Tab. 3　Result of panel data analysis

因变量	家庭生活用电消费		家庭煤气消费		家庭液化石油气消费	
人均 GDP	4.212***	3.878***	0.557***	0.470**	−0.235	−0.408***
	0.655	0.628	0.216	0.229	0.188	0.137
产业结构	−98 356***	−95 178**	−12 029	−12 260	2 976	880
	42 912	49 144	17 534	17 289	15 218	13 907
人口密度	−456***	−437***	−1 809***	−1 805***	−244	−139*
	144	164	339	338	294	85
人口密度的平方项	0.282***	0.275***	0.299***	0.307***	0.042	0.083**
	0.057	0.078	0.107	0.107	0.093	0.036
每万人公共汽车运输总量	−4 573.45	/	1 148.199	/	−218.98	/
	3 834.36		1 286.068		1 116.72	
公共汽车运输总量	/	−0.062	/	0.464	/	0.335*
		0.484		0.324		0.177
常量	268 317.6***	229 592.2**	1 212 741***	1 198 196***	221 996.3	101 551.5**
	103 404.4	117 965.2	204 128.7	202 853	176 862.1	48 561.53

续表

因变量	家庭生活用电消费		家庭煤气消费		家庭液化石油气消费	
观察数	173	173	172	172	173	173
R^2	0.535 2	0.531 2	0.304 2	0.272 8	0.341 2	0.651 3
FE/RE	RE	RE	FE	FE	FE	RE

*10%显著水平；**5%显著水平；***1%显著水平

3.1 家庭生活用电的消费

表3中的第一和第二列是长三角城市生活用电消费的回归结果。结果显示，除了交通变量不显著之外，大部分变量的系数是显著的，而且与预期一致。人均GDP是正显著的，表明收入增加会带来城市中更多的用电消费；产业结构变量是负显著的，表明第三产业比重的增加会增加生活用电的消费。最重要的变量是人口密度，与预期一致，人口密度的平方项是显著为正的，可以说对于城市生活用电消费而言，存在着最优的人口密度值，当真实的人口密度低于最优值时，人口密度的增加会降低用电的消费，而当真实的人口密度超出了最优值时，拥挤效应将占主导地位。

3.2 家庭煤气的消费

家庭煤气消费的回归结果见表3中的第三列和第四列。人均GDP是正显著的，然而具体数值明显小于用电消费的数值，表明收入增加会带来家庭更多的煤气消费，但实际的影响值是非常小的。这与城市的家庭生活方式紧密相关，家庭煤气的用量要远低于电的用量，煤气主要应用于厨房，煤气取暖也不如空调在生活中更加普及，而且随着家用电器的使用越来越方便，电依然是家庭最主要的能源消费。结果中产业结构的影响不显著。人口密度的平方项依然如预期中的一样具有正显著性。同样可以说，在家庭煤气的消费中，也存在着最优的人口密度，当真实的人口密度低于最优值时，人口密度的增加会降低家庭煤气的消费，而当真实的人口密度超出了最优值时，拥挤效应将占主导地位。

3.3 家庭液化石油气的消费

家庭液化石油气消费的回归结果见表3中的第五列和第六列。人均GDP具有正显著性，但真实作用甚至低于家庭煤气消费的数值，这表明收入的增加会带来更多的家庭液化石油气的使用，但真实增加值非常小。这同样与城市的家庭生活方式有关，由于家用电器的广泛使用，家庭液化石油气和家庭煤气一样，相比家庭用电而言要少得多。产业结构是不显著的，当交通变量是人均公共汽车拥有量时，人口密度变量是不显著的，但当交通变量是公共汽车运输总量时，人口密度平方项是正显著的，但影响值要比电和煤气消费的系数小得多。

4 结论

在运用中国长三角 16 个城市的数据进行面板数据分析之后，可以发现，对于能源消费而言，包括家庭用电消费、家庭煤气消费和家庭液化石油气的消费，人均 GDP 对其均起到统计意义上的显著正作用，这意味着随着城市中家庭收入的提高，长三角城市中家庭用电、煤气和液化石油气的能源消费均会增加，家庭用电的增加要明显大于家庭煤气和家庭液化石油气消费的增加。

人口密度在所有的能源消费上均如预期一样具有显著作用。在控制了其他变量的条件下，可以发现能源消费和人口密度之间存在着 U 形的关系，这意味着城市面对最低的能源消费具有一个最佳的人口密度。

产业结构并不总是具有统计意义上的显著影响，在家庭用电消费上，它具有显著负作用，意味着第三产业比重的增加会增加家庭用电的消费。但在家庭煤气和液化石油气的消费上，它并不显著。交通变量中，不论是每万人公共汽车拥有量还是公共汽车客运总量均不具有统计意义上的显著作用。

总而言之，本文的研究发现在人口密度和能源消费之间存在着 U 形的关系，这意味着城市存在着能达到最低能源消费量的最优的人口密度。

参考文献

[1] Mahadevan R，Asafu-Adjaye J. Energy consumption，economic growth and prices：a reassessment using panel VECM for developed and developing countries. Energy Policy，2007，35：2481-2490.

[2] Sari R，Soytas U. The growth of income and energy consumption in six developing countries. Energy Policy，2007，35：889-898.

[3] Thomas G R. What is happening to China's energy consumption. Energy Policy，2001，28：671-687.

[4] Wei B R，Yagita H，Inaba A，et al. Urbanization impact on energy demand and CO_2 emission in China. Journal of Chongqing University-Eng，2003，2：46-50.

[5] 刘耀彬．中国城市化与能源消费关系的动态计量分析．财经研究，2007，33：72-81.

[6] 梁进社，洪丽璇，蔡建明．中国城市化进程中的能源消费增长——基于分解的1985～2006年间时序比较．自然资源学报，2009，24：20-29.

[7] 梁朝晖．城市化不同阶段能源消费的影响因素研究．上海财经大学学报，2010，(5)：89-96.

[8] 马磊．中国城市化与环境质量研究．中国人口科学，2010，(2)：73-81.

[9] Parik J，Vibhooti S. Urbanization，energy use and greenhouse effects in economic development：results from a cross-national study of development countries. Global Envionmental Change，1995，(5)：87-103.

[10] Newman P，Kenworthy J R. Cities and Automobile Dependence：An International Sourcebook. Gower：Aldershot Hants UK，1989.

[11] Mindali O，Adi R，Ilan S. Urban density and energy consumption：a new look at old statistics. Transportation Research (Part A)，2004，38 (2)：143-162.

[12] Karathodorou N，Graham D J，Noland R B. Estimating the effect of urban density on fuel demand. Energy Economics，2010，32 (1)：86-92.

[13] 程开明．城市紧凑度影响能源消耗的理论机制及实证分析．经济地理，2011，(7)：1107-1112.

基于门限自回归的中国能源消费强度区域收敛性分析

□ 赵梦楠[1①]　危　华[2]
（1. 武汉纺织大学经济学院；2. 浙江理工大学经济管理学院）

摘要： 本文使用非线性两区制 TAR 模型，结合 Bootstrap 模拟计算临界值的方法，对我国东部、中部与西部区域内 28 个省（自治区、直辖市）1985～2008 年能源消费强度面板数据的敛散性进行了检验。结果显示，我国东部与中部地区能源消费强度呈现出显著的收敛性特征，而西部地区在多数年份则表现出发散的特征。对各区域内部 TAR 模型中转移变量的进一步分析表明，即使是在经济发展水平相近的地区内部，受工业结构、技术水平与管理等各种因素的综合作用，各省份能源消费强度的变动路径在特定时期内也可能出现显著差异。这一结果对未来制定我国的低碳经济发展战略与节能减排目标的区域分解都具有重要意义。

关键词： 能源消费强度　收敛性　TAR 模型　转移变量

The Convergence Test of Regional Characteristics of Energy Consumption Intensity based on TAR Model

Zhao Mengnan, Wei Hua

Abstract: The convergences of panel data of energy consumption intensity in the 28 provinces of eastern, central and western China between 1985 and 2008 have been tested by a combination of Bootstrap simulation and non-linear, two-regime systematic TAR model. The results show a significant output

① 赵梦楠，通信地址：武汉市江夏区阳光大道 1 号；邮编：430200；邮箱：zhaomn200145@yahoo.com.cn。

convergence in the eastern and central regions of China's energy consumption intensity while a divergence takes place in western region in most years. Further analysis of the transition variables in TAR model within various regions indicate the path of energy consumption intensity varies in different provinces, which is affected by various factors such as industrial structure, technological level and management may appear significantly discrepancy in a specific period of time. This work is of great importance both to the development strategy of low-carbon economy and the regionalization of energy-saving emission reduction in China.

Key words: Energy consumption intensity　Convergence　TAR model　Transition variable

1 引言

能源是人类社会活动的物质基础之一。而工业革命以来人类过度消耗化石燃料所导致的全球变暖，却给世界经济发展带来严重损失，甚至危及人类自身的生存。自 2003 年英国《能源白皮书》首次提出“低碳经济”的概念之后，低碳经济的发展模式已受到越来越多的国家与政府组织的关注与青睐。

1978 年改革开放以来，中国在保持经济高速增长的同时，也付出了沉重的能源与环境代价。为推动低碳路径基础之上的我国经济社会可持续发展，我国已将节能减排作为未来能源战略的核心。“十一五”规划纲要明确提出，“十一五”期间要将国内能源消费强度降低 20%。但从目前情况看，我国不同地区之间经济结构与经济发展水平差异较大，由此导致不同地区之间能源消费总量、消费强度与消费结构都存在巨大差异，节能减排效果不尽理想[1]。因此，研究不同地区间能源强度变化的规律特征及发展趋势，对今后我国科学制定节能减排计划具有重要的参考意义。

根据 Markandya 等[2]与魏巍贤和王锋[3]的研究结论，在资本与技术等要素可自由流动的条件下，一个地区内不同发展水平国家之间能源消费强度的演进路径会出现“俱乐部收敛”现象。国内学者中，师博和张良悦[4]、国涓等[5]分别使用线性面板数据模型对中国不同地区能源强度的敛散性进行了实证分析。结果显示，我国能源强度的变动路径中同时存在着总体发散与部分地区收敛的现象。但需要注意的是，以上研究的时间跨度为 1997～2005 年，不仅时序长度较短，而且这一时期我国产业结构正在发生剧烈变化，部分省区甚至出现“二次重工业化”过程[6]。这种变化对我国不同地区能源消费强度的影响程度如何，目前尚无准确的定量分析。而根据 Beyaert 和 Camacho[7] 的研究结论，当外生的经济条件或政治制度发生变动时，经济指标的敛散路径可能因此而改变。这时如果使用传统的线性面板数据模型进行路径敛散性检验，则极有可能得到有偏甚至是错误的结论。为此，本文参照 Beyaert 和 Camacho 的研究思想，通过构造基于面板数据的两区制门限自回归（TAR）模型，利用 1985～2008 年我国 28 个省区能源强度的面板数据，使用扩展的 Evans-Karras 非线性检验方法探索我国能源消费强度变化的区域性特征。通过对其变动规律的总结，为今后科学制定适合不同地区特点的节能减排政策与措施、促进节能减排目标的区域分解提供理论依据。

2 面板门限自回归模型及检验

根据 Evans 和与 Karras[8]，设定面板数据收敛模型为

$$\Delta g_{n,t}=\delta_n+\rho_n g_{n,t-1}+\sum_{i=1}^{p}\varphi_{n,i}\Delta g_{n,t-i}+\varepsilon_{n,t}$$

$$i=1,\ 2,\ \cdots,\ N,\quad t=1,\ 2,\ \cdots,\ T \tag{1}$$

式中，n、t 分别为横截面数量与时间序列长度；变量 $g_{n,t}$ 为对原始变量去均值之后的数据，即

$$g_{n,t}=y_{n,t}-\bar{y}_t \tag{2}$$

方程（2）中的 $y_{n,t}$ 为原始经济数据，而 $\bar{y}_t=\frac{1}{N}\sum_{n=1}^{N}y_{n,t}$ 为各横截面数据的平均值。若方程（1）中的系数 $\rho_n=0$，说明样本单位的路径具有发散特征，若 $-1<\rho_n<0$，说明样本数据具有收敛特征。在此基础上，根据参数 δ_n 是否为 0 判断收敛过程为绝对收敛还是条件收敛。在进行计算时，首先对方程（1）使用最小二乘估计（OLS），得到误差项 ε_n 的估计值 s_n，使用 s_n 对方程（1）中的数据进行转换得到 $w_{n,t}=g_{n,t}/s_n$。此时，利用 $w_{n,t}$ 构造新的方程：

$$\Delta w_{n,t}=\delta_n+\rho_n w_{n,t-1}+\sum_{i=1}^{p}\varphi_{n,i}\Delta w_{n,t-i}+\varepsilon_{n,t} \tag{3}$$

再次使用 OLS 估计参数 ρ_n 及相应的 t 统计量。若对所有横截面 n 有 $\rho_n=0$ 成立，则面板数据发散，若 $\rho_n<0$，则面板数据收敛。Evans 和 Karras[8] 证明，若误差项 $\varepsilon_{n,t}$ 不存在横截面相关，那么在 N 与 T 趋于无穷大的条件下，方程（3）中的参数估计量具有渐进正态分布。不难看出，Evans 和 Karras 的收敛检验实质上是一种同质面板单位根检验，这一检验方法的主要弊端有两个：首先，

对误差项 $\varepsilon_{n,t}$ 横截面不相关的假定过于严格。事实上，处于同一经济体内的不同经济单元经常由于受到各种外生变量冲击而呈现共同的波动趋势，而 Maddala 和 Wu[9] 通过仿真实验证实，在误差项存在横截面相关的条件下，对类似于方程（3）的模型进行 OLS 估计时，其统计量的分布将出现严重偏倚。其次，当某些经济体在出现重大经济社会波动的条件下，其经济指标的敛散路径可能会出现变化。此时使用类似于方程（1）的单一线性模型则无法对此进行准确刻画。为此，Beyaert 和 Camacho 提出将 Chang[10] 的面板单位根检验的自举法(Bootstrap) 与 Hansen 和 Byeongseon[11] 的非线性模型相结合，通过构造门限自回归面板数据模型分析经济变量的敛散特性。其主要思想是，首先构造非线性面板数据自回归模型：

$$\Delta g_{n,t}=[\delta_n^I+\rho_n^I g_{n,t-1}+\sum_{i=1}^{p}\varphi_{n,i}^I\Delta g_{n,t-i}]I_{\{z_{t-1}<\lambda\}}+[\delta_n^{II}+\rho_n^{II} g_{n,t-1}+\sum_{i=1}^{p}\varphi_{n,i}^{II}\Delta g_{n,t-i}]I_{\{z_{t-1}\geqslant\lambda\}}+\varepsilon_{n,t} \quad (4)$$

式中，$I(x)$ 为指示函数，当 $z_{t-1}<\lambda$ 时，$I(x)$ 为 1，否则 $I(x)=0$；类似地，当 $z_{t-1}\geqslant\lambda$ 时，令 $I(x)=1$，否则 $I(x)=0$。式（4）中 z_t 为转移变量(transition variable)，如果 z_t 可直接通过对 $g_{n,t}$ 的差分获得，则称 z_t 为内生变量。此时 $z_t=g_{m,t}-g_{m,t-d}$，$m=1, \cdots, N$，$0<d\leqslant p$，m 与 d 均由模型数据本身决定。λ 称为门限参数（threshold parameter），当 $z_{t-1}<\lambda$ 时，称式（4）为区制Ⅰ，当 $z_{t-1}\geqslant\lambda$ 时，称其为区制Ⅱ。为保证模型的可计算性，对两区制的长度有所限制，一般设定 $0<\pi_1\leqslant p(z_{t-1}\leqslant\lambda)\leqslant 1-\pi_1$，$\pi_1\in[0.1, 0.15]$。若 π_1 值小于此区间，则认定面板数据模型不存在区制转换，可使用一般线性模型进行计算。在对模型（4）进行估计时，考虑到使用差分项 $\Delta g_{n,t-i}$ 虽然可以消除各横截面内误差项的序列相关，但无法解决各横截面之间的相关性问题；此外门限值系数 λ 的确定要依赖于未知的转移变量 z_t，而 z_t 又由模型（4）本身的数据生成过程所决定，因此不宜直接使用最小二乘估计方法。Beyaert 和 Camacho 建议使用可行的广义最小二乘法（FGLS）对面板 TAR 模型进行参数估计，同时使用 Bootstrap 模拟方法计算统计量的临界值。在具体计算时，首先自由设定一组 λ、m 与 d 的数值，记为 $\theta_0=(\lambda_0, m_0, d_0)'$，将其代入模型（4），根据似不相关（SURE）估计原理，将其改写为

$$\Delta G=[X\odot\breve{I}_{\mathrm{I},\theta_0} \vdots X\odot\breve{I}_{\mathrm{II},\theta_0}]\begin{bmatrix}\beta_{\mathrm{I},\theta_0}\\ \cdots \\ \beta_{\mathrm{II},\theta_0}\end{bmatrix}+\varepsilon \quad (5)$$

式中，$\odot$ 为元素之间的乘积，将方程（5）进一步改写为紧凑形式

$$\Delta G=\breve{X}_{\theta_0}\beta_{\theta_0}+\varepsilon \quad (6)$$

对方程（6）首先进行 OLS 估计，得到残差的估计值 ε 和其方差协方差矩阵：

$$\hat{\Omega}=[s_{nm}]$$

式中，

$$s_{nm}=\frac{1}{T}\sum_{t=1}^{T}\varepsilon_{nt}\varepsilon_{mt}$$

令 $\hat{V}=\hat{\Omega}\otimes I_T$，则可得到参数 β 的 FGLS 估计值：

$$\hat{\beta}_{\theta_0,\mathrm{FGLS}}=[\breve{X}'_{\theta_0}\hat{V}^{-1}\breve{X}_{\theta_0}]^{-1}\breve{X}'_{\theta_0}\hat{V}^{-1}\Delta G \tag{7}$$

并得到相的加权残差平方和：

$$s_{\theta_0}^2=\frac{1}{T}\varepsilon'_{\theta_0}\hat{V}\varepsilon_{\theta_0}$$

在此基础上，通过格点搜索（grid research）的方法，对每一组 $m\in[1, 2, \cdots, N]$，$d\in[1, 2, \cdots, p]$ 及 $\lambda\in(g_{m,\tau}-g_{m,\tau-d})$，均可得到相应的 $s_{\theta_0}^2$。其中与最小的 $s_{\theta_0}^2$ 对应的 $\theta=(\hat{\lambda}, \hat{m}, \hat{d})'$ 即为 grid-FGLS 的最佳参数估计值。

得到面板 TAR 模型的参数估计值后，即可进行各种假设检验。首先进行方程的线性检验，检验的原假设为面板数据模型形式为线性，备择假设为带有门限系数的非线性形式。考虑到在备择假设中会出现原假设中没有的参数，如 λ、m 与 d，因此，传统的似然比检验、Wald 检验与 LM 检验将不再有效。为此，Beyaert 和 Camacho 提出使用自举法，通过仿真得到参数的临界值，并同时消除面板数据的横截面相关问题。在计算时，首先将模型（1）与模型（4）分别通过 FGLS 与 grid-FGLS 得到各自的参数估计值与残差，以及相应的似然函数值，分别记为 L_1 与 L_2。构建统计量：

$$\xi_{1,2}=-2\ln(L_1/L_2) \tag{8}$$

为得到 $\xi_{1,2}$ 的临界值分布，对模型（1）与模型（4）估计得到的残差进行转置与再抽样，通过代入原方程生成新的面板数据模型，并继续使用 FGLS 与 grid-FGLS 进行参数估计，得到新的残差。大量重复这一过程即可得到 $\xi_{1,2}$ 的临界值分布。一般来说，若 $\xi_{1,2}$ 值较大，则可拒绝线性面板数据模型的原假设。此时，需进一步检验两区制面板数据各自的收敛情况。设定原假设为

$$\mathrm{H}_{0,2}: \rho_n^{\mathrm{I}}=\rho_n^{\mathrm{II}}=0 \quad \forall n \tag{9}$$

若接受原假设 $\mathrm{H}_{0,2}$，意味着两区制数据均发散。备择假设有三种，分别为

$$\mathrm{H}_{A,2a}: \rho_n^{\mathrm{I}}<0, \rho_n^{\mathrm{II}}<0 \quad \forall n \tag{10a}$$

$$\mathrm{H}_{A,2b}: \rho_n^{\mathrm{I}}<0, \rho_n^{\mathrm{II}}=0 \quad \forall n \tag{10b}$$

$$\mathrm{H}_{A,2c}: \rho_n^{\mathrm{I}}=0, \rho_n^{\mathrm{II}}<0 \quad \forall n \tag{10c}$$

其中，假设式（10a）代表完全收敛，式（10b）与式（10c）则代表面板数据模

型中仅部分收敛，而其余发散。为区别三个备择假设，Beyaert 和 Camacho 使用 Wald 统计量进行检验。统计量的形式为

$$R_2 = t_{\mathrm{I}}^2 + t_{\mathrm{II}}^2 \tag{11}$$

式中，t_{I} 与 t_{II} 分别为两区制模型中与参数估计值 ρ_n^{I} 与 ρ_n^{II} 相对应的 t 统计量。若 R_2 值较大，则可拒绝面板数据发散的原假设；否则，还需要进一步检验部分收敛的假设 $H_{A,2b}$ 与 $H_{A,2c}$，主要通过对两区各自参数的 t 统计量 t_{I} 与 t_{II} 的单侧检验完成。在具体计算时，通过使用前述的自举法可得到 R_2、t_{I} 与 t_{II} 的大量仿真数据，将其按升序排列即可得到各自的临界值。

3 中国分省能源消费强度的敛散性检验

基于数据的可得性，本文的研究对象为中国内地除西藏与海南的其他 28 个省(自治区、直辖市)，重庆并入四川一起统计，时间跨度为 1985～2008 年。能源消费强度数据通过各地区历年能源消费总量与实际 GDP 的比值进行衡量。所有数据均来自历年《中国统计年鉴》《中国能源统计年鉴》与各分省统计年鉴。

参照沈坤荣和马俊[12]的研究，我们按经济发展水平的高低将中国分为东部、中部与西部三大区域。东部为经济发达地区，主要包括北京、天津、河北、辽宁、广东、江苏、浙江、福建、上海与山东 10 省（直辖市）；中部地区主要包括吉林、黑龙江、山西、湖北、河南、安徽、江西与湖南 8 省；西部则为经济相对落后地区，包括宁夏、陕西、内蒙古、新疆、甘肃、四川、广西、云南、贵州与青海 10 省区。在考虑到结构变化的条件下，使用式（4），对三大区域能源消费强度面板数据的收敛性进行计算。使用 Gauss8.0 软件，经 1000 次自举法计算得到的结果如表 1 所示。

表 1　东部 10 省区 TAR 模型计算结果

Tab. 1　TAR estimates of 10 provinces in eastern China

TAR 模型					
线性假设	转移变量	d	λ	区制Ⅰ/%	
0.0798	北京	1	−5.260	23.810	
收敛性检验					
收敛或发散			绝对收敛或条件收敛		
区制Ⅰ	区制Ⅱ	两区制	区制Ⅰ	区制Ⅱ	两区制
0.638	0.014	0.066	—	0.022	0.001
发散	收敛	收敛	—	绝对收敛	绝对收敛

注：显著性水平设为 10%

表1显示，在10%的显著性水平下，对东部10省（直辖市）能源强度面板数据的检验结果可以拒绝线性模型的原假设（p=0.0798）。而在非线性的TAR模型中，由区制Ⅰ过渡到区制Ⅱ的转移变量是北京。当滞后阶数d取1时，门限参数λ为−5.26。门限参数为负值意味着北京在区制Ⅰ时期能源强度的变动低于同期东部地区平均变动幅度的5.26%。同时，区制Ⅰ对应样本中23.81%的数据，而区制Ⅱ对应其余76.19%的数据。

由图1也可看出，区制Ⅱ在过去的24年中基本处于主导地位。收敛性检验的结果表明，东部10省（直辖市）在区制Ⅰ中能源强度的变动呈发散状，而在区制Ⅱ中则呈收敛状。实际数据显示，在区制Ⅰ中，大部分东部省区能源强度水平实际略有增加而非降低，到区制Ⅱ时期各省区能源强度才开始稳步下降。总体检验表明，两区制条件下东部地区能源强度随时间而不断降低，表现出绝对收敛的特征。

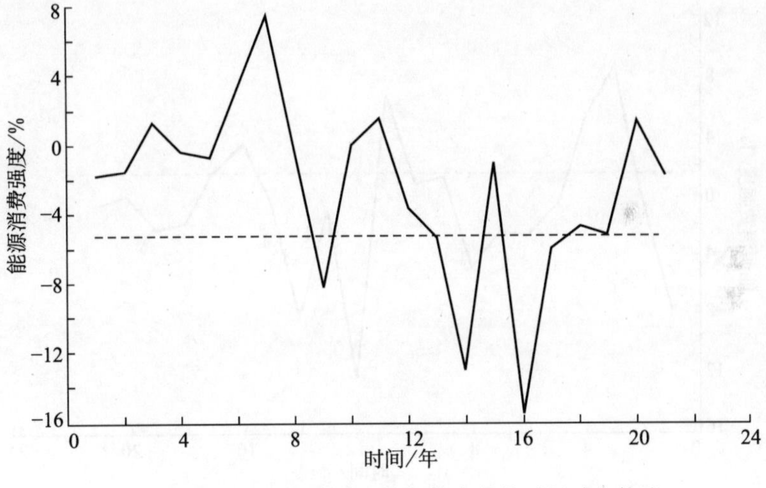

图1　东部地区能源消费强度门限变量的时间动态轨迹

Fig.1　The dynamic path of threshold variable of energy consumption intensity in eastern China

表2显示，TAR模型检验首先拒绝了线性面板数据模型的原假设，说明中部地区能源消耗强度数据也是分段模型。在滞后阶数d取1时，门限参数λ为1.562，转移变量为吉林。同时，区制Ⅰ对应样本中76.19%的数据，而区制Ⅱ对应其余23.81%的数据。门限参数为正值意味着吉林在区制Ⅰ时期能源强度的变动要高于同期东部地区平均变动幅度的1.56%。实际数据也表明，在区制Ⅰ时期吉林能源强度曾出现多次波动。但收敛性检验表明（图2），总体而言，无论是在区制Ⅰ还是区制Ⅱ时期，中部地区能源消费强度都在逐渐降低，

呈现绝对收敛的状态。

表 2　中部 8 省区 TAR 模型计算结果
Tab. 2　TAR estimates of 8 provinces in central China

TAR 模型					
线性假设	转移变量	d	λ	区制Ⅰ/%	
0.002	吉林	1	1.562	76.191	
收敛性检验					
收敛或发散			绝对收敛或条件收敛		
区制Ⅰ	区制Ⅱ	两区制	区制Ⅰ	区制Ⅱ	两区制
0.001	0.002	0.036	0.000	0.200	0.000
发散	收敛	收敛	绝对收敛	绝对收敛	绝对收敛

注：显著性水平设为 10%

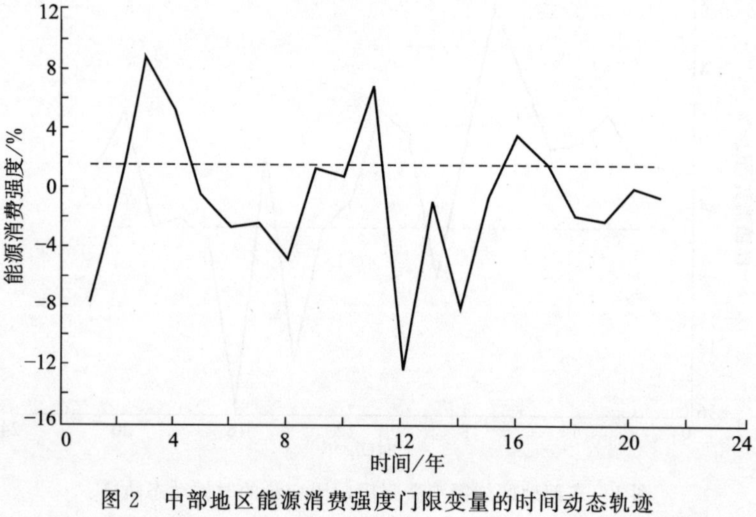

图 2　中部地区能源消费强度门限变量的时间动态轨迹
Fig. 2　The dynamic path of threshold variable of energy consumption intensity in central China

根据表 3 的计算结果，西部地区能源消耗强度数据是非线性模型（$p=0.002$）。在滞后阶数 d 取 1 时，门限参数 λ 为 2.32，转移变量为新疆。与东部和中部地区不同的是，收敛性检验表明，西部地区能源强度的变动趋势并非完全趋于收敛过程。在区制Ⅰ时期能源强度呈发散状态，且由于区制Ⅰ的时序长度较大（71.429%），在两区制条件下也无法拒绝路径发散的原假设。

表 3 西部 10 省区 TAR 模型计算结果

Tab. 3 TAR estimates of 10 provinces in western China

TAR 模型					
线性假设	转移变量	d	λ	区制Ⅰ/%	
0.002	新疆	1	2.320	71.429	
收敛性检验					
收敛或发散			绝对收敛或条件收敛		
区制Ⅰ	区制Ⅱ	两区制	区制Ⅰ	区制Ⅱ	两区制
0.222	0.003	0.232	—	0.000	—
发散	收敛	发散	—	绝对收敛	—

注：显著性水平设为10%

从实际的分省能源强度数据来看，西部地区 20 多年来整体能源利用效率的提高程度并不明显，如作为转移变量的新疆，在区制Ⅰ能源强度有所下降的情况下，到区制Ⅱ时其能源强度却出现了明显的反弹趋势。除部分经济相对较发达的省份，如四川、陕西等的能源强度在样本期内有一定幅度的下降外，其他省份能源强度的下降趋势皆不明显，部分省份，如青海、贵州等反而出现一定程度的上升。由此造成整个西部地区能源消费强度的变动路径呈发散状态(图 3)。

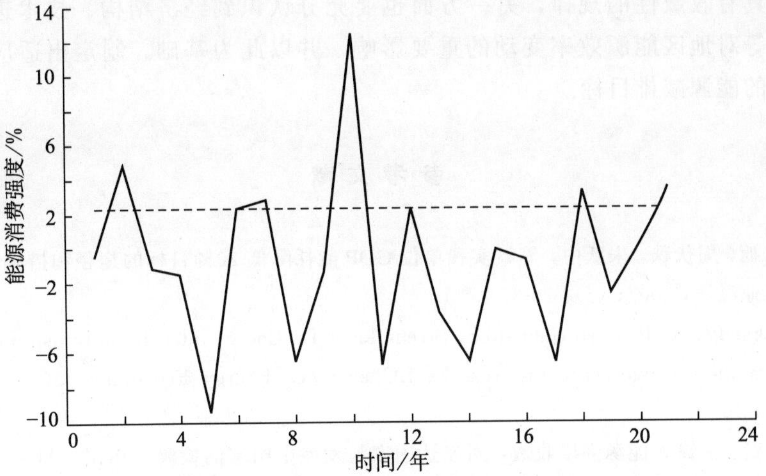

图 3 西部地区能源消费强度门限变量的时间动态轨迹

Fig. 3 The dynamic path of threshold variable of energy consumption intensity in western China

4 结论与政策建议

本文通过使用两区制门限自回归模型，对我国不同省区能源消费强度的敛散路径进行了分析。结果显示，所有三大地区能源强度的变动都呈典型的非线性结构特征。其中，经济相对较为发达的中东部地区，虽然整体能源消费强度在不断下降，但其内部的变动趋势却并非始终完全一致。部分省区能源消费强度数据在特定时期内会出现剧烈的波动，由此甚至导致整个地区能源消费强度收敛路径在短期内的改变。对于西部地区而言，情况则更显复杂。在整体能源消费强度路径发散的条件下，部分省区、部分时期内能源消费强度的变动仍呈现出一定的收敛趋势。

根据这一计算结果可以推知，整体的经济发展水平并非是影响能源强度变动的唯一重要因素。作为一个不断变化的动态数值，能源强度同时要受到经济体内部产业结构变动、技术水平的高低及市场改革等多种因素的共同作用。即使是对同一省区，在不同时期各种影响因素的作用也可能会有很大差异。由此导致在经济发展水平接近的同一地区内部，其能源消费的模式与变动趋势也存在极大的差异。因此，在规划未来我国能源发展战略时，一方面要遵循能源消费强度具有收敛性的规律，另一方面也要充分认识到经济结构、技术进步与能效管理等对地区能源效率变动的重要影响，并以此为基础，制定出适应不同地区特点的能源减排目标。

参考文献

[1] 戴彦德，周伏秋，朱跃中，等．实现单位 GDP 能耗降低 20％目标的途径和措施建议．中国工业经济，2007，(1)：29-37.

[2] Markandya A，Pedroso-Galinato S，Streimikiene D. Energy intensity in transition economies：is there convergence towards the EU average. Energy Economics，2006，28 (1)：121-145.

[3] 魏巍贤，王锋．能源强度收敛：对发达国家与发展中国家的检验．中国人口·资源与环境，2010，20 (1)：4-10.

[4] 师博，张良悦．我国区域能源效率收敛性分析．当代财经，2008，(2)：17-21.

[5] 国涓，王玲，孙平．中国区域能源消费强度的影响因素分析．资源科学，2009，31 (2)：205-213.

[6] 何建坤，张希良．我国“十一五”期间能源强度下降趋势分析——如何实现能源强度下降20％的目标．中国软科学，2006，(4)：33-38.

[7] Beyaert A, Camacho M. TAR panel unit root tests and real convergence: an application to the EU enlargement process. Working paper, Universidad de Murcia, 2006.

[8] Evans P, Karras G. Convergence Revisited. Journal of Monetary Economics, 1996, 37 (2): 249-265.

[9] Maddala G S, Wu S. A comparative study of unit root tests with panel data and a new simple test. Oxford Bulletin of Economics and Statistics, 1999, (61): 631-652.

[10] Chang Y. Bootstrap unit root tests in panels with cross-sectional dependency. Journal of Econometrics, 2004, 120 (2): 263-293.

[11] Hansen B E, Byeongseon S. Testing for two-threshold cointegration in vector error correction models. Journal of Econometrics, 2002, 110 (2): 293-318.

[12] 沈坤荣，马俊．中国经济增长的“俱乐部收敛”特征及其成因研究．经济研究，2002, (1): 33-39.

开放经济条件下能耗与碳排放的测算方法研究及应用

——基于2007年中国投入产出数据的实证分析

□ 安　祺[1①]　王　飞[2]　李　娜[3]

(1. 环保部环境与经济政策研究中心；2. 对外经济贸易大学；3. 中国科学院)

摘要：准确测算中国当前发展模式下国民经济各个部门、各行业的能源消耗与污染物排放，是确定能耗和排污源泉、有针对性地实施节能减排措施、实现“十二五”规划目标的前提。本文运用非竞争型投入产出数据和分析技术，建立包括国内消费、国内投资和进出口贸易各部门及42个行业能耗和污染物排放的生产者账户和消费者账户，力图定量、准确描述能耗和污染物排放在国际、国内各经济部门及行业间的分布和强度比较，为节能减排的科学决策提供依据和建议。

关键词：隐含能　隐含碳　生产者账户　消费者账户

Energy and Carbon Use Accounting in the Open Economy from a Producer's and a Consumer's Perspective——An Empirical Examination based on China's Input-Output Table 2007

An Qi, Wang Fei, Li Na

(Policy Research Center for Environment and Economy, MEP; University of International Business and Economics; Chinese Academy of Sciences)

Abstract: Energy exhaustion and environmental degradation are not only global problems, but also the issues that constrain the sustainable development

① 安祺，通信地址：北京市朝阳区育慧南路1号；邮编：100029；邮箱：an.chi@prcee.org。

of China. Precisely calculating the energy consumption and pollutant discharge of all sectors and industries of the national economy in the current model of China's development are the premises of discovering the origin of the problems, correspondingly taking measures, and achieving the goals of the Twelfth Five-Year Plan. As the biggest developing country, the second largest economy and a major trading nation, China is characterized as an export-oriented and investment-led open economy. Therefore, through the analysis of non-competition input-output table, this paper proposes an accounting framework for both producers and consumers of all sectors including domestic consumption, domestic investment and import and export trade in 42 industries for energy consumption and pollutant discharge. The paper is aimed at conducting a quantitative study which accurately describes the distribution and intensity comparison of energy consumption and pollutant discharge among sectors and industries domestically as well as internationally, which provides scientific support and suggestion for the decision-making in energy saving and CO_2 emission reduction.

Key words: Embodied energy　Embodied carbon　Producer's account　Consumer's account

1　文献回顾

使用IO模型分析能耗和CO_2排放时，主要的难题是如何处理和估算进口商品和服务中的能耗和CO_2排放。Andrew等对核算碳足迹的研究成果所使用的各种投入产出方法进行了梳理，比较了每种方法的优缺点和计算精度，指出区域汇总和主要贸易伙伴的选取对计算精度有重要影响[1]。主要研究方法被分成三种模式：国内生产技术假定（domestic technology assumption，DTA）、单向贸易模式（unidirectional trade）和多向贸易模式（multidirectional trade），分别采用一国（地区）IO模型、多对一国（地区）IO模型和MRIO模型（图1）。

在采取第一种模式时需建立研究对象国（地区）的投入产出模型，在测算其进口商品和服务中隐含能和隐含碳时，采用国内技术假定来处理。采取第二种模式时，除研究对象国（地区）的IO模型之外，还要建立主要贸易伙伴国（地区）的IO模型并以此来估算对象国进口产品中的隐含能和隐含碳，这种方

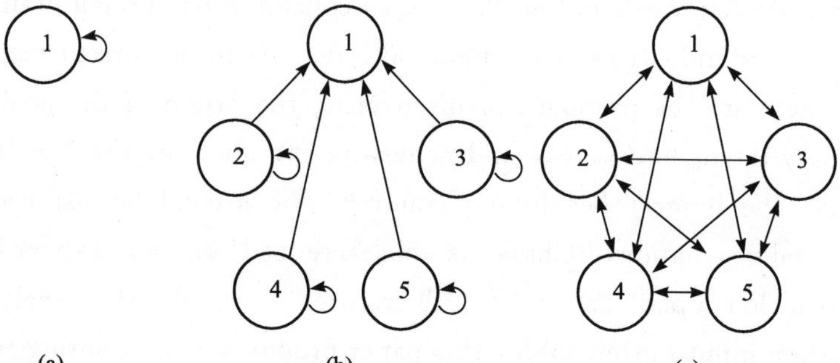

图 1　三种主要模式

Fig. 1　Three main models

注：直线箭头代表实际贸易流；圆圈箭头代表DTA

法可以减少第一种模式中的误差。第三种模式是多国（地区）对多国（地区）的IO建模，理论上最为精确，但受到数据可获取性、计算能力（量）的制约。所以，很多采用MRIO模型的研究在模型中只区分了为数不多的国家（地区），降低了数据上和计算工作量的要求（表1）。

表 1　Andrew 等[1]的比较结果（部分）

Tab. 1　Part of the results compared by Andrew et al.　　（单位：%）

国家或地区	一国（地区）IO模型与多国（地区）IO模型对比	国家或地区	一国（地区）IO模型与多国（地区）IO模型对比
澳大利亚	109	希腊	113
新西兰	80	爱尔兰	116
中国内地	117	意大利	87
中国香港地区	53	卢森堡	82
日本	80	荷兰	104
韩国	100	葡萄牙	113
中国台湾地区	141	西班牙	99
印度尼西亚	115	瑞典	64
马来西亚	114	瑞士	41
菲律宾	174	阿尔巴尼亚	90
新加坡	121	保加利亚	113
泰国	108	克罗地亚	115
越南	296	塞浦路斯	137
孟加拉人民共和国	113	捷克共和国	140
印度	108	匈牙利	108
斯里兰卡	101	马耳他	90
加拿大	98	波兰	153
美国	93	罗马尼亚	125
墨西哥	95	斯洛伐克	231

国际上研究 CO_2 等温室气体排放问题时，多数是基于 GTAP 数据库使用 MRIO 模型进行的。Peters 和 Hertwich 利用 GTAP 数据库（V6，2001 年）构建了全球国家间投入产出模型（MRIO），计算 2001 年 87 个国家（地区）的贸易内涵排放，发现贸易内涵排放量占世界碳排放总量的 1/4 以上，中国出口碳排放占全国总碳排放量的 24%[2]。Wilting 和 Vringer 利用 GTAP 数据库（V6）把全球分为 12 个国家或地区，从消费者和生产者两个角度分析了 GHG 排放问题，并考虑了土地使用的因素[3]。

中国国内就能耗和碳排放问题展开了许多有益的研究。齐晔等估算了中国进出口贸易中的隐含能和隐含碳[4,5]；李善同和何建武[6]、姚愉芳等[7]分别利用非竞争型投入产出表研究了中国的贸易内涵排放；夏炎等[8]基于可比价投入产出表分解了中国能源强度影响因素；张友国[9]基于可比价格非竞争型投入产出表分析了中国贸易含碳量及其影响，其后，他使用同样的数据和方法分析了三次产业结构、三次产业内结构、制造业内结构变化及进口率和中间投入结构的变化对碳排放强度的影响[10]；李小平和卢现祥[11]基于中国 20 个工业行业与 G7 和 OECD 等发达国家的贸易数据，使用环境投入产出模型和净出口消费指数等方法实证检验了国际贸易及污染产业转移与中国工业 CO_2 排放的关系。

但是，分析中国进出口产品中能耗和 CO_2 排放的国际和国内研究中，很少有从消费者账户角度来进行分析的，有的研究往往建立在很强的假定基础之上，导致计算结果或多或少存在高估中国实际能耗和 CO_2 排放量的倾向。

本文基于中国最新公布的 2007 年非竞争型投入产出表，尝试从生产者账户和消费者账户两个角度比较分析中国能耗和碳排放，为了尽量避免计算误差，在模型的选取和构建及数据的收集和处理上进行了自己独特的探讨和尝试。

2 使用方法模型

2.1 生产者账户和消费者账户的联系和区别

生产者账户和消费者账户之间的联系和区别如图 2 所示。在图 2 中，A 国是研究对象国，ROW 为其他国家。A 国生产的产品既可以用来满足本国的需求（Ⅰ对应的方块），也可以用来出口满足其他国家的需求（Ⅱ对应的方块）。这一关系如图 2 中向下的箭头所示，从生产者账户核算 A 国的能耗或排放为：Ⅰ＋Ⅱ。同时，A 国进口其他国家产品来满足本国的需求（Ⅲ对应的方块）和间接地用来出口满足其他国家的需求（Ⅳ对应的方块）。显然，Ⅱ＋Ⅳ所对应的能耗或排放服务于其他国家的消费，从消费者角度来看，不应该算在 A 国的身上。从消费者账户核算出的 A 国能耗或排放应该为：Ⅰ＋Ⅲ。

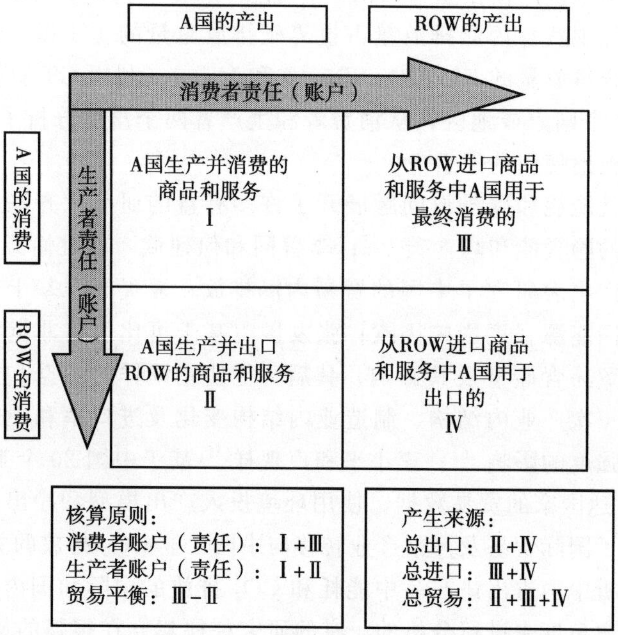

图 2　生产者账户和消费者账户核算能耗和排放

Fig. 2　Energy consumption and pollutant discharge of both producers and consumers

2.2　基于非竞争型投入产出表的一国 IO 模型

基于非竞争型投入产出表分析时，投入产出横向需求模型由如下两个恒等式组成：

$$X=BF_C^d+BF_I^d+BF_E$$

（国产品）

$$M=(A^mBF_C^d+F_C^m)+(A^mBF_I^d+F_I^m)+A^mBF_E$$

（进口品）

式中，上标 d 为国产品；上标 m 为进口品；X 为总产出列向量；M 为进口列向量；B 为国产品所对应的列昂惕夫逆矩阵；F^d 为国产品用于国内最终使用的列向量；F_E 为出口列向量；F^m 为进口品用于最终使用的列向量；A^m 为进口品的直接消耗系数矩阵；下标 C、I 和 E 分别为国内消费支出、资本形成总额和出口。

如果把上述模型应用到环境领域分析能耗和 CO_2 排放问题，需要知道单位产出和单位进口的环境冲击，可以把上述模型转化为下面的能源或环境投入产出模型：

$$\beta X=\beta BF_C^d+\beta BF_I^d+\beta BF_E$$

（国产品）

$$\gamma M=\gamma\ [\ (A]^m BF_C^d+F_C^m)\ +\ [\gamma\ (A]^m BF_I^d+F_I^m)\ +\gamma A^m BF_E$$

（进口品）

式中，β 为单位产出能耗或 CO_2 排放量；γ 为单位进口所包含的能源或 CO_2 量。上面第一个等式右侧的 βBF_E 为出口中隐含的能（或排放），第二个等式右侧的 $\gamma A^m BF_E$ 为进口中隐含的能（或排放）用于出口的部分。

所以，生产者账户能耗或排放为

$$\beta BF_C^d+\beta BF_I^d+\beta BF_E\text{，即 }\beta X$$

消费者账户能耗或排放为

$$\beta BF_C^d+\beta BF_I^d+\gamma\ [\ (A]^m BF_C^d+F_C^m)\ +\ [\gamma\ (A]^m BF_I^d+F_I^m)$$

一般 β（单位产出能耗或 CO_2 排放量）的数据比较好获取，所以使用一国模型分析能耗和排放时关键在于如何获取 γ（单位进口所包含的能源或 CO_2 量），采取的方法不同（如依据 DTA 假定，或使用其他国家的 IO 表来计算），获取的 γ 就会有较大的差距，这直接影响最后计算结果的准确度。

3 数据来源及加工

数据来源主要是中国国家统计局所编制的 2007 年非竞争型投入产出表、《中国能源统计年鉴》(2008) 中的能源平衡表等数据，以及 GTAP 数据库（第七版）和相关的能耗和 CO_2 排放数据。本研究在使用一国模型分析能耗和排放时，采取如下具体方法估算 γ。

(1) 依据 GTAP 数据库（V7，2004）确定 113 个国家或地区，建立相应的能源环境 IO 模型，分别计算这些国家或地区 57 个部门出口能耗和排放及相应的系数（2004 年，离岸价格、国别数据）。

(2) 离岸价格系数转换为到岸价格系数。使用 GTAP 数据库中的贸易矩阵，把离岸价格表示的能耗系数和排放系数折算为到岸价格系数（增加了运输成本、商业利润、保险和损耗等成本）。

(3) 考虑价格变化因素（2004～2007 年）。利用中国海关数据库（2004；2007）把（2）中获得的系数转换为以 2007 年价格表示的系数，同时按国别

（地区）汇总，再考虑汇率和关税等因素，最后得到 γ——单位进口中所包含的能源或 CO_2 量。

使用一国 IO 模型计算消费者账户能耗和排放时，难点在于如何获取 γ 为单位进口所包含的能源或 CO_2 量，其缺点在于没有考虑全球贸易，只是单方向考虑本国的进口或出口，计算存在遗漏——进口中用于出口的部分（$\gamma A^m BF_E$）的归属没有确定。同样，其他国家的进口中用于出口的部分的归属也没有确定。

为能够与 2007 年非竞争型投入产出表中的 42 个部门相对应，本文根据《中国能源统计年鉴》(2008) 所提供的一些详细数据计算出相应部门的能耗，所以本文所提供的中国总能耗等数据与能源统计年鉴中的汇总数据略有不同。

计算 CO_2 排放数据时，采取了 Tier 1 method[12]，根据前面所计算出的 2007 年非竞争型投入产出表中 42 个部门相对应的能耗数据推算出相应的 CO_2 排放量。

为使其他国家或地区的能耗和排放数据（2004 年价格，113 国家、57 部门）能够与中国 2007 年的投入产出表等数据对应，我们还使用了 2004 年和 2007 年中国海关进出口数据，依据前面叙述的方法进行了相应的转换。

4　结果分析

对中国 2007 年能耗和 CO_2 排放进行估算，得到如下结果。

4.1　能耗在各个经济部门中的分布

从生产者账户分析，2007 年中国境内总计消耗能源 265 833 万吨标准煤。中国进口货物和服务中，隐含能为 25 361 万吨标准煤。从消费者账户分析，总计消耗能源 206 878 万吨标准煤。

消费者账户能源消费总量是生产者账户能耗的 77.8%。生产过程的消费者账户能耗是生产者账户能耗的 75.3%。

结论 1：生产者账户能耗总量高于消费者账户能耗，出口能耗高于进口能耗⇒能耗净出口（VS 欧、美、日为净进口）。

中国消费产品的单位能耗为 0.555 吨标准煤/万元（消费国产品，不考虑居民直接消费能源），投资产品的单位能耗 0.897 吨标准煤/万元，出口产品的单位能耗为 0.752 吨标准煤/万元。出口产品能耗低于投资，但高于消费。

结论 2：从消耗量到单位产值能耗，投资＞出口＞国内消费。

从行业产品类别看，单位产值耗能高的产品占有很高的出口份额。例如，行业产品中单位产值能耗最高的是金属冶炼及压延加工业产品，其出口量占总量的近一成；化工产品出口份额为10.27%（国际对比）。

结论3：出口贸易的能源消耗代价大，节能空间大。极端地讲（完全放弃出口），可节能四分之一。

4.2 CO_2 排放在各个经济部门中的分布

生产者账户。中国2007年 CO_2 排放总量为326 332万吨，生产过程中排放了300 823万吨，占92.1%，居民消费中直接排放了25 509万吨，占7.8%。

消费者账户。中国2007年总计排放257 859万吨碳，除去居民直接排放，生产过程排放为232 349万吨，占90.1%。

消费者账户排放量是生产者账户排放的79.0%。不考虑居民直接排放，消费者账户碳排放是生产者账户碳排放的77.2%。

生产者账户碳排放高于消费者账户，出口碳排放高于进口⇒碳排放净出口（VS欧、美、日为净进口）。

生产过程 CO_2 排放量的构成，居民消费27.3%，固定资产投资39.6%，出口31.2%，库存1.9%。进口的80 810亿元货物和服务中隐含碳为38 163万吨。其中，33.6%用于出口，32.5%用于投资，31.4%用于国内消费，其余为库存（占2.5%）。

CO_2 单位排放强度，出口产品（国产品）单位排放为0.9199吨/万元，投资1.2301吨/万元，消费0.6411吨/万元（不考虑居民直接排放）。

从产品类别上来看，同能耗情况相似，出口份额很高的金属冶炼及压延加工业和化学工业制品的单位产值排放也是很高的。前者单位产值 CO_2 排放为1.5112吨/万元，后者的单位产值 CO_2 排放为0.5830吨/万元。

5 建议和遗留问题

首先，本研究分别建立了能耗和 CO_2 排放的生产者和消费者两个核算账户，运用投入产出的分析方法，对中国进出口产品中隐含能和隐含碳进行了测算。

其次，提出了整合现有数据、完善分析方法、准确核算中国进出口产品中的能耗和 CO_2 排放的一套测算分析方案。全面核算中国消费者账户的能耗和碳排放，分析中国主要行业出口产品的能耗和排放，测算中国主要贸易产品的环境代价。测算结果表明了以下结论。

（1）2007年中国在生产过程中所消耗能源的32.1%用于出口，进口所隐含的能源中也有30%是用于出口。因此，从消费者账户来核算中国用于国内的能耗要比生产者账户核算少22.2%。

（2）同样，生产过程中的CO_2排放，有31.2%用于出口，进口成品中隐含碳也有33.6%用于出口。消费者账户核算的中国碳排放量要比生产者账户核算值少21.0%。

（3）由于中国的贸易出口结构与国内消费结构的差异，出口国产品单位能耗和碳排放量要比用来满足国内消费需求产品的单位值高。这说明中国在为其贸易伙伴提供货物和服务的同时付出了较国内消费更大的能源、环境成本，并担负了相应的碳排放责任。

目前遗留问题是成果还不足以直接应用于环境贸易政策分析和评估。今后的研究方向如下：①有必要从全球贸易的视角，使用多国（区域）投入产出（MRIO）模型，进而建立多国（区域）CGE模型扩展和深化研究。②同时，依据“十二五”规划，把分析对象扩大到其他污染物排放（如SO_2等）。

参考文献

[1] Andrew R, Peters G P, Lennox J. Approximation and regional aggregation in multi-regional input-output analysis for national carbon footprint accounting. Economic Systems Research, 2009, 21 (3): 311-335.

[2] Peters G, Hertwich E. CO_2 embodied in international trade with implications for global climate policy. Environmental science and technology, 2008, 42: 1401-1407.

[3] Wilting H C, Vringer K. Carbon and land use accounting from a producer's and a consumer's perspective——an empirical examination covering the world. Economic Systems Research, 2009, 21 (3): 291-310.

[4] 齐晔，李惠民，徐明．中国进出口贸易中的隐含碳估算．中国人口·资源与环境，2008，18 (3)：8-13.

[5] 齐晔，李惠民，徐明．中国进出口贸易中的隐含能估算．中国人口·资源与环境，2008，18 (3)：69-75.

[6] 李善同，何建武．从经济、资源、环境角度评估对外贸易的拉动作用．发展研究，2009，4：12-14.

[7] 姚愉芳，齐舒畅，刘琪．中国进出口贸易与经济、就业、能源关系及对策研究．数量经济技术经济研究，2008，10：56-65.

[8] 夏炎，杨翠红，陈锡康．基于可比价投入产出表分解中国能源强度影响因素．系统工程理论与实践，2009，10：21-27.

[9] 张友国．中国贸易含碳量及其影响——基于（进口）非竞争型投入-产出表的分析．经济学，2010，9（4）：103-126.
[10] 张友国．经济发展方式变化对中国碳排放强度的影响．经济研究，2010，4：120-133.
[11] 李小平，卢现祥．国际贸易、污染产业转移和中国工业 CO_2 排放．经济研究，2010，1：15-26.
[12] IPCC/OECD/IEA. IPCC Guidelines for National Greenhouse Gas Inventories. Paris：Intergovernmental Panel on Climate Change（IPCC），Organization for Economic Co-operation and Development（OECD），International Energy Agency（IEA），1997.

环境污染事故的生态价值补偿指标设计与补偿标准数量模型建构[①]

□ 袁广达[②] 吴 剑 周云桥

（南京信息工程大学）

摘要：近年来，由于我国经济发展尚处于转型阶段，粗放式的经济发展模式仍普遍存在，不可避免地引起诸多环境污染事故，行政手段却难以弥补由生态环境污染带来的经济损失，因此市场化生态环境成本补偿机制亟待提出。本文首先基于生态环境污染事故设计出可测性评价指标，并借助层次分析法研究各评价指标在环境污染事故等级评价和环境污染经济损失等级划分中的权重；其次运用线性加权和法及模糊综合评价数量模型，构建生态环境污染事故和环境污染所致经济损失等级评价模型；最后本文结合岭回归分析提出生态价值补偿矩阵和生态价值补偿标准。研究发现，线性加权和法可将环境污染事故分为 n 个等级，模糊综合评价可将环境污染经济损失划分为 m 个等级。本文的研究成果不仅可为政府制定相关政策和标准提供支持，以实现有限生态资源的可持续利用，而且有利于促进排污实体自觉进行经济发展方式转变和经济结构调整，履行其社会责任，有效解决环境外部性问题，减少政府的财政负担。

关键词：环境污染事故 生态价值补偿 指标设计 补偿标准 数量模型

---

① 基金资助：本文系袁广达主持的国家社会科学基金项目"环境管理会计视角下的生态价值补偿标准与补偿执行机制的政策设计研究"（课题编号：12BGL034）、教育部人文社会科学研究规划基金项目"市场化生态补偿标准及补偿执行机制的政策设计——基于环境管理会计的研究视角"（课题编号：12YJA790176）阶段性成果。

② 袁广达，通信地址：江苏省南京市宁六路 219 号；邮编：210044；邮箱：yuanguangda@163.com。

Ecological Value Compensation Indicators Design and Compensation Standard Quantitative Model Construction of Environmental Pollution Accidents

Yuan Guangda, Wu Jian, Zhou Yunqiao

Abstract: In recent years, China's economic development is still in a transitional stage, the economic development mode of extensive style is still widespread, and inevitably leads to environmental pollution accidents, and it is hard for the administrative means to compensate for economic losses caused by eco-environmental pollution, so the eco-environmental cost compensation mechanism of marketization needs to be proposed. First, the paper designed measurable evaluating indicators based on the environmental pollution accident, and researched the classification of weight of evaluating indicators in environmental pollution accident level and the economic losses level caused by environmental pollution with the analytic hierarchy process method, and then built evaluation model of environmental pollution accidents and economic losses level caused by environmental pollution using the linear weighted sum method and comprehensive evaluation model of fuzzy number, Finally, the paper put foward the concept of matrix of the ecological value compensation and ecological value compensation standard integrating with ridge regression analysis. The research discovers that the environmental pollution accidents can be divided into m levels by the linear weighted sum method and economic losses level caused by eco-environmental pollution can be divided into n levels using comprehensive evaluation model of fuzzy number. The results of this study could not only provide support for the government to develop related policies and standards, and to protect the sustainable use of the limited ecological resources, but also promote sewage entity to conduct economic development pattern shift and economic structural adjustment consciously, to fulfill its social responsibility, to effectively solve the environmental external problems, and to reduce the government's financial burden.

Key words: Environmental pollution accidents　Ecological value compensation　Indicator design　Compensation standard　Quantitative model

1 引言

经济学意义上的生态补偿或称环境补偿（ecological/environmental compensation），一般是指通过改善被破坏地区的生态系统状况或建立新的具有相当功能的生态系统，来补偿由于经济开发或经济建设而导致的现有生态系统功能或质量的下降或破坏，保持生态系统的稳定性。Cowell[1]通过对南威尔士加的夫海港建立新湿地供养以补偿当地因发展经济而遭受破坏的野生动物栖息地生态环境的案例分析，认为生态补偿或称环境补偿主要是指通过改善被破坏地区的生态系统状况或建立新的具有相当功能的生态系统，来补偿由于经济开发或经济建设而导致的现有生态系统的功能或质量的下降或破坏，从而维护环境资产。张诚谦[2]提出经济学意义上的生态补偿是指从利用资源所得到的经济收益中提取一部分资金并以物质或能量的方式归还生态系统，以维持生态系统的物质、能量在输入、输出时的动态平衡。姚建[3]认为生态资源环境是社会和经济持续发展的基础，"环境问题就其实质是经济问题"，环境活动是经济活动的表现形式之一。我国著名会计学家郭道扬[4]指出："自 20 世纪 90 年代，在以'产权为本'向以'人权为本'的会计思想的转变过程中所确立的会计思想演进的'第三历史起点'中，全球会计界已经将参与解决全球性可持续发展问题，放在未来会计控制思想与行为变革的重要方面"。这就需要当代决策层以环境管理视角重视并主动利用环境会计信息，充分认识会计、审计乃至财务控制，在对公司经济活动过程控制、节能降耗方面，以及在解决与生态环境治理直接相关的废水、废气、废料排放控制方面的基础管理作用。生态补偿标准是确定生态补偿金额时参照的标准，它是生态补偿机制的核心。在我国对生态补偿标准的研究中，众多学者从水生态补偿标准及其补偿机制出发，推出了各自的观点和设想。王彤和王留锁[5]从供给方和需求方的角度，力求找到令补偿双方都能认可的水库流域生态补偿标准测算体系。刘玉龙等[6]从生态保护建设总成本入手，对生态补偿量进行测算，建立流域生态保护建设补偿标准测算模型。徐琳瑜等[7]把生态系统服务功能价值划分并予以货币化，据此确定生态补偿的标准。张翼飞等[8]以消费者效用恒定的福利经济学理论为基础，构造生态环境物品的假想市场，认为生态补偿标准是人均最大支付意愿与人口的乘积。毛显强等[9]提出以资源选择方案的机会成本作为补偿标准。与此同时，胡熠和黎元生[10]、张志强等[11]、沈满洪[12]、刘玉龙等[13]、郑海霞等[14]多数学者采用实证方法，对生态系统服务价值、生态环境损失值及基于生态保护而造成的经济损失进行定量评估，并以此为基础确定补偿标准。国外对生态补偿标准的研究更加侧重于补偿意愿和补偿时空配置的研究，并且个案研究十分突出。美国在20世纪30年代遭受特大洪灾和严重的沙尘暴后，开始实行保护性退耕，建立了“环境效益指数”和“根据土壤特点调整的租金率”这两个评价基准，用于估算各地实际情况的租金率，以确定与各地自然和经济条件相适应的补偿标准。英国国际环境与发展研究所（IIED）和哥斯达黎加政府提出需求驱动补偿，美国对流域相关利益群体保护的补偿方案的制订也是基于这一做法并主张博弈形成标准。Pagiola[15]认为市场化生态补偿方式效率较其他方式更高，且可以通过引入博弈机制确定最终生态补偿金额。Johst等[16]则运用跨学科方法，结合白鹳保护的案例建立了生态经济模型程序，以实现详细设计分物种、分功能的生态补偿预算的时空安排，并为补偿政策实施提供了数量支持，有利于物种保护政策的有效执行。国内外研究情况表明：①生态补偿标准的量化研究目前还处于探索阶段，计算尚没有统一的方法和形成一个完整、成熟的测算体系，且各种计算方法的理论性较强，案例研究的计算过程也比较复杂，应用于实际工作仍存在问题，在理论和实践上都有待进一步完善。②从生态学意义到经济学意义的生态补偿问题是生态补偿理论和实务研究的必然趋势，但目前学者们对生态补偿标准等生态补偿研究的核心问题仍然存在不确定性。生态系统服务作为生态补偿的理论依据还存在基于效益补偿还是基于价值补偿的争论；生态补偿标准的确定主要包括基于生态系统服务量化、成本（机会成本）等方法，目前仍然处于探索阶段。本研究通过对非自然因素导致的环境污染影响因素、生态环境破坏程度和造成价值损害程度进行技术分类，将线性加权和法与模糊综合评价相结合，构建生态环境污染所致价值损失和事故技术等级评价模型，运用因子分析和线性回归模型提出生态价值补偿矩阵和生态价值补偿标准，由此为政府制定相关政策和标准提供支持，以保护有限生态资源可持续利用，有利于因问题产生的各种矛盾和纠纷的解决，并对社会稳定产生积极影响，同时，有利于促进排污实体自觉进行经济发展方式转变和经济结构调整，保证社会经济和企业经济发展，有效解决环境外部性问题，减少政府的财政负担。

2 环境污染事故等级评价

2.1 环境污染事故等级指标体系设计思路和原则

由于评价环境污染事故等级的因素多样、复杂，在设计环境污染事故等级指标体系的时候，必须从多个方面和多个角度选择引起生态环境污染的指标，以满足评估和比较的系统性。具体设计原则有以下几个方面：①全面性。全面客观地反映生态环境污染状况。设计的指标体系必须能从各个方面反映生态环境污染程度，这直接关系到整个体系的好坏。②科学性。指标体系必须建立在科学的基础上，能充分反映生态环境污染与各指标的内在联系。确定指标权重和预警分级的方法科学，保证体系的真实性和客观性。③可操作性。选用的指标要有可靠的来源，并确保数据的可获得性，建立的指标体系简单明晰并易操作和理解，尽可能采用国际上通用的名称、概念和单位，有利于相关人员的实际操作。

2.2 指标设计与说明①

2.2.1 水污染中的指标（此处各标准值均取环境污染事故发生前一周的平均值）

水温，指环境污染事故发生后在具体流域（河流、湖泊、海洋等）内多点实测所得水体水温的平均值。根据《地表水环境质量标准（GB 3838—2002)》的规定，本文取其标准值为 s_1 ，单位为℃。

水溶液酸碱度（ pH ），主要表示为氢离子浓度指数，是水溶液中酸碱度的一种表示方法。本文此处指环境污染事故发生后多点实测所得 pH 的平均值，取其标准值为 s_2 ，无量纲。

浊度，是指水中悬浮物对光线透过时所发生的阻碍程度。环境污染事故发生后水体中的悬浮物（一般是泥土、砂粒、微细的有机物和无机物、浮游生物、微生物和胶体物质等）急剧增加，浊度值增大。本文取其标准值为 s_3 ，单位为 FTU。

水体中溶解的分子态氧（DO）是衡量水体自净能力的一个指标。环境污染事故发生后，其中的耗氧物质会消耗水中溶解氧，导致其急剧下降，造成水中好氧生物的大量死亡。本文取其标准值为 s_4 ，单位为 mg/L 。

电导率，主要指以数字表示的溶液传导电流的能力。环境污染事故发生后，水体中大量污染物的涌入会导致电导率的改变。本文取其标准值为 s_5 ，单位为 mS/m 。

高锰酸盐指数，是指在一定条件下，以高锰酸钾（ $KMnO_4$ ）为氧化剂，处理水样时所消耗的氧化剂的量。环境污染事故发生后，具体反映其中耗氧污染

① 参照：中华人民共和国农业行业标准，农业环境污染事故损失评价技术准则（NY/T 1263—2007)。

物质总量。本文取其标准值为 s_6 ，单位为 mg/L。

氨氮，指水中以游离氨（NH_4）和铵离子（NH_4^+）形式存在的氮，是反映水体富营养化程度的主要指标。本文取其标准值为 s_7 ，单位为 mg/L 。

总有机碳（TOC），指水体中溶解性和悬浮性有机物含碳的总量。比较环境污染事故发生前后总有机碳浓度，确定有机物含量的改变，辅助确定水污染程度，本文取其标准值为 s_8 ，单位为 mg/L。

2.2.2 大气污染的指标（此处各指标标准值均取当地大气的背景值）

总悬浮颗粒（TSP），粒径小于 100 μm 的微粒称为 TSP ，即总悬浮物颗粒；粒径小于 10 μm 的称为 PM10 ，即可吸入颗粒。本文取其标准值为 s_9，单位 TSP 。

二氧化硫（SO_2），是最常见的硫氧化物，为无色气体，有强烈刺激性气味，是大气主要污染物之一。本文取其标准值为 s_{10} ，单位 mg/L 。

氮氧化物（NO_x），其种类很多，包括一氧化二氮（N_2O）、一氧化氮（NO）、二氧化氮（NO_2）、三氧化二氮（N_2O_3）、四氧化二氮（N_2O_4）和五氧化二氮（N_2O_5）等多种化合物，但主要是 NO 和 NO_2，它们是常见的大气污染物。本文取 NO 和 NO_2 作为评价 NO_x 的主要指标，取其标准值为 s_{11} ，单位 mg/L。

一氧化碳（CO），是大气中分布最广和数量最多的污染物，也是燃烧过程中生成的重要污染物之一。大气中的 CO 的主要来源是内燃机排气，其次是锅炉中化石燃料的燃烧。CO 是含碳燃料燃烧过程中生成的一种中间产物，最初存在于燃料中的所有碳都将形成 CO。本文取其标准值为 s_{12} ，单位 g/L。

光化学氧化剂，主要指大气中除氧以外那些显示有氧化性质的全部污染物。通常是能氧化碘化钾为碘的物质，主要是大气光化学反应的产物。它包括臭氧（O_3）、二氧化氮（NO_2）、过氧酰基硝酸酯（PAN）、过氧化氢（H_2O_2）和过氧自由基（如过氧烷基 RO_2）等。由于一般情况下，O_3 占光化学氧化剂总量的 90%以上，故常以 O_3 浓度作为总氧化剂的含量。本文取其标准值为 s_{13} ，单位 mg/L。

2.2.3 土壤污染的指标（此处各指标标准值均取当地土壤的背景值）

土壤溶液酸碱度（pH），此处特指将土壤配成土壤溶液，土壤溶液的 pH。本文取其标准值 s_{14} ，无量纲。

重金属，主要指由于人类活动，土壤中的微量有害元素在土壤中的含量超过背景值，过量沉积而引起的含量过高，统称为土壤重金属污染。本文取其标

准值为 s_{15} ，单位 mg/L。

有机物，主要指由有机物引起的土壤污染。土壤中主要有机污染物有农药、三氯乙醛、多环芳烃、多氯联苯、石油、甲烷等，其中，农药是最主要的有机污染物。本文取其标准值为 s_{16} ，单位为 mg/L。

微生物，主要指对土壤有害的微生物。其进入土壤后会对土壤的结构、性质等产生影响，导致土壤的退化，使土壤被污染，如医院的废弃物由于不合理处理可能使土壤受到微生物的污染。本文取其标准值为 s_{17} ，单位为个/L。

放射性物质，主要指放射性物质进入土壤而产生的污染现象。本文取其标准值为 s_{18} ，单位为 mg/L。

2.2.4 受害企业（一般设定数量为 m 个）损失等级指标（基于大量样本求其标准值）

直接损失，主要指直接造成设施的破坏、产量或质量下降所引起的损失等，一般是可以用市场价格来计算，本文取其标准值为 s_{2m+17} ，单位为万元。

间接损失，主要指由于环境污染使环境资源的某些功能退化影响企业生产和消费系统造成的损失，本文取其标准值为 s_{2m+18} ，单位为万元。

2.2.5 受害公众（一般设定人数为 n 个）损失等级指标（基于大量样本求其标准值）

直接损失，主要指因环境污染事故造成人身伤亡及善后处理支出的费用和毁坏财产的价值，本文取其标准值为 $s_{2m+2n+17}$ ，单位为万元。

间接损失，主要指因环境污染事故引起的环境资源的某些功能的退化影响公众对它的使用或享受，本文取其标准值为 $s_{2m+2n+18}$ ，单位为万元。

2.3 指标体系的构建和各指标因子标准值的量化

环境污染（environment pollution）是指人类直接或间接地向环境排放超过其自净能力的物质或能量，从而使环境的质量降低，对人类的生存与发展、生态系统和财产造成不利影响的现象。因此，在构建环境污染事故等级评价指标体系时，既要考虑反映生态环境污染状况，又要考虑生态环境污染对受害企业和受害公众的影响（图 1）。

构建环境污染事故等级评价指标体系后，对指标体系中各指标因子标准值的量化是本文的难点。因为标准值的确定既不能远离实际又要高于当前值，某些指标可以直接使用规定的标准或者根据实际情况对标准值加以合理的外推进行评价[17]。为了更有效、合理地对指标体系进行评价，在通过专家打分、现场取样分析、查阅环境相关部门统计数据等方式制订环境污染事故等级评价指标体系的标准值时遵循了以下几个原则：①尽量采用已有国家或国际标准的标准

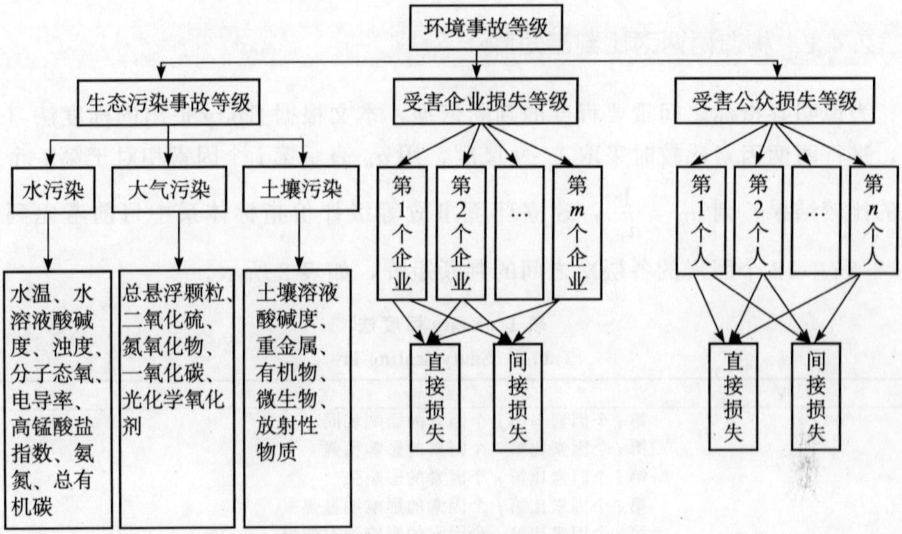

图 1　环境污染事故等级指标体系

Fig. 1　Indicator system of environmental pollution accidents

值（如《地表水环境质量标准（GB 3838—2002）》《环境空气质量标准（GB 3095—2012）》《土壤环境质量标准（GB 15618—1995）》等）；②参考国内外较安全环境事故等级评价指标体系现状值，并进行外推，确定标准值；③标准值在定量化的同时要和当前的社会与经济的协调发展度相一致。

2.4　层次分析法与指标体系权重的确定

由于上述各指标因子在指标体系中的作用不同，所以其对环境污染事故的影响程度就有差异，为了区分其差异性，要采用一定的数学方法来确定各评价指标的权重值。指标权重确定的合理与否直接关系评价结果的准确性和科学性。本文采用层次分析法，它是一种定性和定量相结合的、系统化的、层次化的分析方法，使人们的思维过程层次化，逐层比较其相互间的相关因素并逐层检验比较结果是否合理，从而为分析决策提供具有说服力的定量依据。

层次分析方法的一般步骤为：①建立层次结构模型；②构造成两两对比判断矩阵；③计算权向量并作一致性检验；④计算组合权向量并作组合一致性检验。

2.4.1　建立层次结构模型

层次结构模型的建立（见图 1）。

2.4.2 构造两两对比判断矩阵

为说明各指标之间重要程度的判断依据，本文根据 Saaty 提出的标度法（表 1)，进行两两因素比较时采取 1～9 尺度，用 a_{ij} 表示第 i 个因素相对于第 j 个因素的比较结果，则 $a_{ij}=\frac{1}{a_{ji}}$，建立环境事故等级评价指标体系中目前考虑到的 $2m+2n+18$ 个因素的各层次之间的判断矩阵，如表 2 所示。

表 1 Saaty 标度法

Tab. 1 Saaty scaling law

尺度	含义
1	第 i 个因素与第 j 个因素的影响相同
3	第 i 个因素比第 j 个因素的影响稍强
5	第 i 个因素比第 j 个因素的影响强
7	第 i 个因素比第 j 个因素的影响明显强
9	第 i 个因素比第 j 个因素的影响绝对的强
2，4，6，8	第 i 个因素相对于第 j 个因素的影响介于上述两个相邻等级之间

表 2 判断矩阵表

Tab. 2 Judgment matrix

A	B_1	B_2	B_3
B_1	a_{11}	a_{12}	a_{13}
B_2	a_{21}	a_{22}	a_{23}
B_3	a_{31}	a_{32}	a_{33}

2.4.3 单排序权向量与一致性检验

层次单排序是确定下层各因素对上层某因素影响程度的过程，用权重表示影响程度，计算出矩阵最大特征值 $\lambda_{\max}$，其对应的归一化特征向量 $\omega=(\omega_1, \omega_2, \cdots, \omega_n)$，且 $\sum_{i=1}^{n}\omega_i=1$，这样的特征向量即为指标权重。

当判断矩阵的阶数较大时，通常难于构造出满足一致性的矩阵来。但判断矩阵偏离一致性条件又应有一个度，为此，必须对判断矩阵是否可接受进行鉴别，这就是一致性检验的内涵。定义一致性指标 $\mathrm{CI}=\frac{\lambda_{\max}-n}{n-1}$，随机性指标 RI 和判断矩阵的阶数有关，一般情况下矩阵阶数越大，则出现一致性随机偏离的可能性也越大，可通过查表求得。一般地，当一致性比率 $\mathrm{CR}=\frac{\mathrm{CI}}{\mathrm{RI}}<0.1$ 时，则认为该判断矩阵通过一致性检验，否则就不具有满意一致性。由此，我们计算出各层次指标权重结果。

2.4.4 总排序权向量与一致性检验

总排序是在单排序基础上从上到下逐层进行的。将上述计算所得的各层次指标权重结果，进行加权组合，得到环境事故等级综合评价指标权重值 $\omega=(\omega_1, \omega_2, \cdots, \omega_{2m+2n+18})$，且 $\sum_{i=1}^{2m+2n+18}\omega_i=1$，其中，$m$（$m=1, 2, \cdots$）和 n（$n=1, 2, \cdots$）分别表示环境事故所致受害企业的数量及受害公众人数。

2.5 指标体系综合评价与环境污染事故等级的划分

确定了各指标的权重后，就可以运用线性加权和法对环境事故等级指标体系进行综合评价。本文设计环境事故等级评价综合指数：

$$I=\sum_{i=1}^{2m+2n+18}\omega_i\left(\frac{x_i}{s_i}\right)^k,$$

式中，$\omega_i(i=1, 2, \cdots, 2m+2n+18)$ 为层次分析法总排序向量中第 i 个指标的权重；x_i 为第 i 个指标的实际值；s_i 为第 i 个指标的标准值（见上述指标说明）[18]。当指标取值越大越好时，取 $k=1$，当指标取值越小越好时，取 $k=-1$，通过这样的处理使得 $0<I<1$。我们将程度最恶劣的环境事故等级定为 P_1，综合评价指数定为 $(0, I_1)$，程度最轻的环境事故等级定为 P_n，综合评价指数定为 $(I_{n-1}, 1)$，其中 $I_i(i=1, 2, \cdots, n-1)$ 的具体数值根据大量环境事故样本值确定，由此我们将根据综合评价指数将环境事故分为 n 个等级，并根据事态的发展情况和采取措施的效果，对评价结果进行动态调整，环境事故可以升级或者降级（表3）。

表3 综合评价指数与环境事故等级

Tab. 3 Evaluation index and environmental accidents

评价指标综合指数值	环境事故等级	环境事故严重程度
$0<I<I_1$	P_1	恶劣
$I_1<I<I_2$	P_2	较恶劣
⋮	⋮	⋮
$I_{n-1}<I<1$	P_n	轻度

3 环境污染经济损失等级的划分

3.1 指标体系的构建、权重分配与分级标准

根据评判经济损失等级的实际情况，本文选取如表4所示的评价指标①作为

① 由于篇幅所限，本文环境污染经济损失等级评价指标用 x 表示，且下标序号与指标层次结构相对应，各项指标权重用 p 表示，下标序号含义与之相同。

经济损失等级的综合评判指标[19]。由于不同的指标权重将会在很大程度上影响经济损失等级的评判，所以确定各个指标对经济损失的影响程度是等级评判结果是否科学的关键之一。因此，在经济损失等级评判中，采用专家赋值法确定出各项指标的权重，于是得到

Ⅱ级指标权重为

$$A=(p_1, p_2, p_3, p_4)$$

Ⅲ级指标权重为

$$A_1=(p_{11}, p_{12}, p_{13}), A_2=(p_{21}, p_{22}, p_{23}, p_{24}, p_{25}), A_3=(p_{31}, p_{32}),$$
$$A_4=(p_{41}, p_{42}, p_{43}, p_{44}, p_{45}, p_{46}, p_{47}, p_{48}, p_{49})$$

其中，$\sum_{i=1}^{4} p_i=1$，$\sum_{j=1}^{3} p_{1j}=1$，$\sum_{j=1}^{5} p_{2j}=1$，$\sum_{j=1}^{2} p_{3j}=1$，$\sum_{j=1}^{9} p_{4j}=1$。

根据经济损失等级各评价指标的特点及相互关系，由相关行政管理部门和环境治理专家组成的专家评议组确定其分级标准（表4）。

表4 各经济损失等级评价指标与分级标准

Tab. 4 The economic loss evaluation index classification standard

Ⅱ级与Ⅲ级评价指标		分级标准			
		E_1	E_2	…	E_m
财产损失	工业产品损失	S_{111}	S_{112}	…	S_{11m}
	生产设施损失	S_{121}	S_{122}	…	S_{12m}
	生活设施损失	S_{131}	S_{132}	…	S_{13m}
资源环境损失	设备费	S_{211}	S_{212}	…	S_{21m}
	材料费	S_{221}	S_{222}	…	S_{22m}
	燃料费	S_{231}	S_{232}	…	S_{23m}
	动力费	S_{241}	S_{242}	…	S_{24m}
	人工费	S_{251}	S_{252}	…	S_{25m}
人员伤亡损失	死亡赔偿	S_{311}	S_{312}	…	S_{31m}
	伤病补助	S_{321}	S_{322}	…	S_{32m}
潜在使用价值损失	游憩功能	S_{411}	S_{412}	…	S_{41m}
	科教功能	S_{421}	S_{422}	…	S_{42m}
	固碳供氧功能	S_{431}	S_{432}	…	S_{43m}
	净化降解功能	S_{441}	S_{442}	…	S_{44m}
	土壤保持功能	S_{451}	S_{452}	…	S_{45m}
	营养物质循环功能	S_{461}	S_{462}	…	S_{46m}
	维持生物多样性功能	S_{471}	S_{472}	…	S_{47m}
	小气候调节功能	S_{481}	S_{482}	…	S_{48m}
	水文调节功能	S_{491}	S_{492}	…	S_{49m}

其中，$E_i(1, 2, \cdots, m)$ 为第 i 级经济损失，$S_{ijk}(i=1, \cdots, 4; j=1, 2, \cdots, 9; k=1, 2, \cdots, m)$ 是根据各指标特点及相互关系，由专家评议出的百分制评语集 V，且 $S_{ij1}>S_{ij2}>\cdots>S_{ijm}$。

3.2 建立评价隶属矩阵 R

根据模糊综合评价理论，对于某一起环境事故，根据上述经济损失等级各评价指标 m 级标准，经专家评议组给出具体该环境事故经济损失等级各评价指标数据，通过 m 个级别隶属函数统计出模糊关系矩阵。具体如下：

$$R_1=\begin{bmatrix} r_{11} & r_{12} & \cdots & r_{1m} \\ r_{21} & r_{22} & \cdots & r_{2m} \\ r_{31} & r_{32} & \cdots & r_{3m} \end{bmatrix}$$

同理可得 R_2，R_3，R_4。

3.3 模糊综合评价与经济损失等级的划分

一级综合评价：

$$B_1=A_1\cdot R_1=(b_{11},\ b_{12},\ \cdots,\ b_{1m})$$
$$B_2=A_2\cdot R_2=(b_{21},\ b_{22},\ \cdots,\ b_{2m})$$
$$B_3=A_3\cdot R_3=(b_{31},\ b_{32},\ \cdots,\ b_{3m})$$
$$B_4=A_4\cdot R_4=(b_{41},\ b_{42},\ \cdots,\ b_{4m})$$

于是，

$$R=(B_1,\ B_2,\ B_3,\ B_4)^{\mathrm{T}}$$

二级综合评价：

$$B=A\cdot R=(b_1,\ b_2,\ \cdots,\ b_m)$$

于是模糊综合评价结果说明，该环境事故有 $b_i(i=1,\ 2,\ \cdots,\ m)$ 的可能性属于 $E_i(i=1,\ 2,\ \cdots,\ m)$ 级经济损失，按照隶属度最大原则，判定该环境事故属于 $E_i(i=1,\ 2,\ \cdots,\ m)$ 级经济损失，见表 5。

表 5　环境事故经济损失等级

Tab. 5　Environmental accident economic loss grade

环境事故经济损失等级	评价指标隶属值
E_1	$\max_i b_i=b_1$
E_2	$\max_i b_i=b_2$
⋮	⋮
E_m	$\max_i b_i=b_m$

4　补偿价值标准模型

4.1 样本选取、处理与变量说明

Duan 等[20]通过对 2000～2006 年中国危险化学品事故的调查发现，其中近

80%的事故发生在中小企业，且近年来中国由于化学品导致的环境污染事故案例越来越多，这为本文进一步的实证研究工作提供了样本支持。在上述环境事故等级和经济损失等级划分的基础上，通过对所选择的具有代表性的一定数量（记做 N）的被污染区域（如流域）、被污染客体（如土地）及单位（如上市企业）进行实地调研和考察，首先判断其环境事故的等级 $P_j(j=1, 2, \cdots, n)$，并将表 3 中评价指标综合指数值 I 作为环境事故等级变量 $P_j(j=1, 2, \cdots, n)$ 的具体数值；然后通过模糊综合评价法评判其经济损失等级 $E_i(i=1, 2, \cdots, m)$，并利用计算公式 $B=i+\max\limits_i b_i$（$i=1, 2, \cdots, m$）对表 5 中评价指标隶属值作适当处理，将 B 作为经济损失等级变量 $E_i(i=1, 2, \cdots, m)$ 的具体数值；再次得到属于 $P_j(j=1, 2, \cdots, n)$ 环境事故且属于 $E_i(i=1, 2, \cdots, m)$ 经济损失的样本数量为 $n_{ij}(i=1, 2, \cdots, m; j=1, 2, \cdots, n)$，且 $\sum\limits_{j=1}^{n}\sum\limits_{i=1}^{m} n_{ij}=N$；最后计算环境事故样本的经济损失值为 $V_{ij}(i=1, 2, \cdots, m; j=1, 2, \cdots, n)$，即为生态价值补偿金额。

4.2 岭回归分析

在构建生态价值补偿标准模型时，本文将经济损失值作为因变量，将环境事故等级与经济损失等级作为自变量，但由于在环境事故等级的判定过程中已经考虑了经济损失，因此环境事故等级必然与经济损失等级存在着多重共线性，我们从同时处于经济损失等级 $E_i(i=1, 2, \cdots, m)$ 与环境事故等级 $P_j(j=1, 2, \cdots, n)$ 下的环境事故样本出发[21]，为了提高回归方程预测的科学性，本文运用岭回归法对共线性数据进行分析，将自变量测值矩阵 X 及因变量测值 Y 中心化、标准化之后，按下式计算回归系数：

$$\hat{\beta}(k)=(X^{\mathrm{T}}X+kI)^{-1}X^{\mathrm{T}}Y,$$

由 $\hat{\beta}(k)$ 进而可求得对应因子的实际回归系数，通过观察岭迹图可以看到，当 k 达到某种程度后，岭回归系数比较稳定，于是本文根据岭回归估计结果建立回归方程：$V_{ij}=\alpha_{ij}E_i+\beta_{ij}P_j$，$(i=1, 2, \cdots, m; j=1, 2, \cdots, n)$。

4.3 生态价值补偿标准

将具有代表性的环境事故样本数据代入上述岭回归模型，确定未知参数，得到经验预报公式。于是我们建立如表 6 所示的生态污染价值补偿矩阵。

表 6 生态污染价值补偿矩阵

Tab. 6 Ecosystem value compensation matrix

污染经济损失等级程度（E）	污染所致事故等级程度（P）			
	P_1	P_2	…	P_n
	生态价值补偿标准（V）			
E_1	$\alpha_{11}E_1+\beta_{11}P_1$	$\alpha_{12}E_1+\beta_{12}P_2$	…	$\alpha_{1n}E_1+\beta_{1n}P_n$
E_2	$\alpha_{21}E_2+\beta_{21}P_1$	$\alpha_{22}E_2+\beta_{22}P_2$	…	$\alpha_{2n}E_2+\beta_{2n}P_n$
⋮	⋮	⋮		⋮
E_m	$\alpha_{m1}E_m+\beta_{m1}P_1$	$\alpha_{m2}E_m+\beta_{m2}P_2$	…	$\alpha_{mn}E_m+\beta_{mn}P_n$

根据上述生态污染价值补偿矩阵，若某一起环境事故发生，则可根据如下步骤，计算生态价值补偿金额 V_{ij} ：

（1）判断该环境事故等级 $P_j(j=1,2,\cdots,n)$，且具体数值为 I ；

（2）判断其经济损失等级 $E_i(i=1,2,\cdots,m)$，且具体数值为 B；

（3）根据上述标准，确定环境事故所导致的经济损失 V_{ij} ，即得到该起环境事故导致具体的生态价值补偿金额 V_{ij} 。

5 结语

本文基于生态环境事故相关经济技术指标，借助层次分析法研究各评价指标在环境事故等级评价和环境污染经济损失等级划分中的权重，并运用线性加权和法及模糊综合评价数理方法，构建生态环境污染所致价值损失和事故技术等级评价模型，结合因子分析和一元线性回归模型最终提出生态环境污染价值补偿矩阵 $(V_{ij})_{m\times n}$ 和生态价值补偿标准。研究发现：①线性加权和法说明，若将程度最恶劣的环境事故等级定为 P_1 ，综合评价指数定为 $(0,I_1)$ ，程度最轻的环境事故等级定为 P_n ，综合评价指数定为 $(I_{n-1},1)$ ，由此我们根据环境事故等级评价综合指数：

$$I=\sum_{i=1}^{2m+2n+18}\omega_i\left(\frac{x_i}{s_i}\right)^k$$

将环境事故分为 n 个等级，其中，$\omega_i(i=1,2,\cdots,2m+2n+18)$ 代表层次分析法总排序向量中第 i 个指标的权重，x_i 为第 i 个指标的实际值，s_i 为第 i 个指标的标准值，当指标取值越大越好时，取 $k=1$ ，当指标取值越小越好时，取 $k=-1$ ，通过这样的处理使得 $0<I<1$ 。②模糊综合评价结果说明，若环境事故有 $b_i(i=1,2,\cdots,m)$ 的可能性属于 $i(i=1,2,\cdots,m)$ 级经济损失，按照隶属度最大原则，判定该环境事故属于 $i(i=1,2,\cdots,m)$ 级经济损失，由

此我们将环境事故经济损失划分为 m 个等级。③由于本文在环境事故等级的判定过程中已经考虑了经济损失，因此环境事故等级必然与经济损失等级存在着多重共线性，为消除这一影响，本文采用 SPSS 软件进行岭回归分析得到经验公式。

本文通过设计生态价值补偿指标，建构数量模型，从理论层面来探讨生态价值补偿标准制定的原理、方法和计算步骤。但由于实际环境污染事故样本数据的取得本身是一个浩大的工程，需要一定的人力和财力支持，加之篇幅有限，目前我们还未对数量模型和生态价值补偿标准进行测试和修正。本文仅仅是该项课题的阶段性研究成果，为今后具体展开此项工作提供参考。

参考文献

[1] Cowell R. Substitution and scalar politics: negotiating environmental compensation in Cardiff Bay. Geoforum，2003，34 (3)：343-358.

[2] 张诚谦．论可更新资源的有偿利用．农业现代化研究，1987，(5)：22-24.

[3] 姚建．环境经济学．成都：西南财经大学出版社，2001.

[4] 郭道扬．人类会计思想演进的历史起点．会计研究，2009，(8)：11.

[5] 王彤，王留锁．水库流域生态补偿标准测算方法研究．安徽农业科学，2010，38 (26)：14555-14557.

[6] 刘玉龙，阮本清，张春玲，等．从生态补偿到流域生态共建共享．中国水利，2006，(10)：2-8.

[7] 徐琳瑜，杨志峰，帅磊，等．基于生态服务功能价值的水库工程生态补偿研究．中国人口·资源与环境，2006，(4)：125-128.

[8] 张翼飞，陈红敏，李瑾．应用意愿价值评估法，科学制订生态补偿标准．生态经济，2007，(9)：28-31.

[9] 毛显强，钟瑜，张胜．生态补偿的理论探讨．中国人口·资源与环境，2002，(4)：38-41.

[10] 胡熠，黎元生．完善闽江流域生态补偿机制的立法思考．福建论坛（人文社会科学版)，2007，(11)：116-118.

[11] 张志强，程国栋，徐中民．可持续发展评估指标、方法及应用研究．冰水冻土，2002，(4)：344-360.

[12] 沈满洪．在千岛湖引水工程中试行生态补偿机制的建议．杭州科技，2004，(2)：12-15.

[13] 刘玉龙，许凤冉，张春玲，等．流域生态补偿标准计算模型研究．中国水利，2006，(22)：35-38.

[14] 郑海霞，张陆彪，封志明．金华江流域生态服务补偿机制及其政策建议．资源科学，2006，(5)：30-34.

[15] Pagiola S. Payments for Environmental Services: From Theory to Practice. Mataram: Global Workshop on Payments for Environmental Services，2007.

[16] Johst K，Drechsler M. Watzold F. An ecological-economic modelling procedure to design compensation payments for the efficient spatio-temporal allocation of species protection measures. Ecological Economics，2002，41 (1)：37-49.

[17] 张灵莹．定性指标评价的定量化研究．系统工程理论与实践，1996，(7)：98-100.

[18] 黄晓容．重庆三峡库区水环境污染事故预警指标体系研究．西南大学硕士学位论文，2009：35-36.

[19] 李向前，刘胜强，毛显强．突发环境事件损失价值评估框架研究．北京林业大学学报（社会科学版），2011，(1)：85-87.

[20] Duan W L，Chen G，Ye Q，et al. The situation of hazardous chemical accidents in China between 2000 and 2006. Journal of Hazardous Materials，2010，(12)：1489-1494.

[21] 曾思育．环境管理与环境社会科学研究方法．北京：清华大学出版社，2004.

中国工业污水控制投资及运行费用函数关键因素分析

□齐 霁[①] 於 方 曹 东
（环境保护部环境规划院）

摘要： 回顾我国“六五”以来的工业废水治理水平及工业水污染治理投资与运行费用状况，从总体上看，我国环保投资总量逐年增加，“九五”和“十五”期间成倍增长。根据“十一五”环境保护规划，全国“十一五”期间环保投资预期15 300亿元，约占同期GDP的1.35%。随着环保投入的增长，环境污染治理能力和环保设施的治理运行费用也不断提高。本研究依据2007年全国污染普查数据，对全国31个地区的39个主要工业行业污水处理投资、运行费用、耗电量、处理工艺等因素进行了分析。对国内外水污染治理投资和运行费用函数的研究方法及研究成果的应用领域进行了全面的总结，在此基础上，识别出工业水污染治理投资和运行费用函数的主要影响因素，并给出工业水污染治理投资和运行费用函数的建模意见。

关键词：水污染控制投资及运行费用　费用函数　因素分析

Key Factors Analysis for Investment-Operation Cost Function of Industrial Waste Water Control

Qi Ji, Yu Fang, Cao Dong

Abstract: The investment in environmental protection increases year by year since the beginning of Sixth Five-Year plan period and this number in Ninth and Tenth Five-Year increases by double. According to the eleventh Five-Year Plan, the investment in environmental protection is expected to be 1530 billion that is equal to 1.35% GDP. With the increasing investment, the capability of pollution

① 齐霁，通信地址：北京市朝阳区北苑路北科创业大厦；邮编：100012；邮箱：qiji@caep.org.cn。

control is improved and operation cost of environmental protection facility also goes higher. This research examines the data of pollution source census in 2007, analyzes the waste water control investment, waste water equipments operation cost, pollution remove technology of 39 main industrial sectors in 31 area. Based on the analysis results, this research propose the key factors in industrial waste water investment and operation cost functions and also give the suggestions on industrial waste water control and operation cost function modeling.

Key words: Waste water control　Cost function　Key factors analysis

1　引言

从 20 世纪 80 年代开始，国内开展了水污染控制费用函数模型的研究工作。典型的有 90 年代中后期中国环境科学研究院环境管理研究所在世界银行的资助和技术指导下开展了中国工业污染经济学的研究工作。此外，20 世纪 70 年代末丹东大沙河、沈阳西部地区污染控制规划中建立的城市污水处理厂的费用函数、80 年代中期的《全国工业废水处理设施费用函数研究》等均是这方面研究的有益尝试。90 年代以后，很多学者开展了关于废水治理费用函数构建及模型参数拟合方面的研究：秦肖生和曾光明[1]将目标函数线性化后利用单纯形法求解非线性的水质规划目标的费用函数；刘振中和李越[2]运用 BP 网络的非线性函数逼近功能，以沉淀池的计算表面积与计算体积为网络的输入，沉淀池的费用值为网络的输出，对单体构筑物（沉淀池）的费用模型进行了探讨；林澎和黄平[3]运用遗传算法，用收集到的若干污水处理厂的设计建设费用，进行污水处理厂费用函数的参数估计，并用牛顿法及其改进方法与其进行比较；陈鸣剑和叶禄[4]搜集了南京市和杭州市 103 家工厂已建各种类型污水处理设施的建厂费用及去除率资料，建立了费用函数模型；马铭和桑建明[5]根据当时上海市和国家的超标污水征收标准的特点，以运行费用函数为基础制定了超标污水收费标准；邵玉林[6]利用天津市工业污染治理设施运行的数据，研究了厂级污染费用函数和边际削减费用函数；何秉宇和阿屯古丽[7]针对干旱区的实际，进行了干旱区水污染控制工程费用函数的分析计算；方国华[8]对水污染费用计算与水环境保护效益费用分析技术进行了研究；黄凯和郭怀成[9]将模糊综合评价和 pearl 生长曲线法引入流域水污染防治的效益分析中，建立了流域水污染防治的生态效益分析方法。

回顾我国主要水污染控制函数的相关研究，主要存在缺乏具有可比性、一致性、时效性、准确性的基础数据支撑。本研究依据2007年全国污染普查数据，对全国31个地区的39个主要工业行业污水处理投资、运行费用、耗电量、处理工艺等进行了分析，识别出工业水污染治理投资和运行费用函数的主要影响因素，并给出工业水污染治理投资和运行费用函数的建模意见。

2 数据来源

本研究依据的数据为2007年全国污染普查数据。污染源普查数据共包括74 968家被观测企业，其中，国有企业样本数为4475，非国有企业为70 493。国有企业占总体样本的比例为5.97%。从行业角度分析，样本数最多的三个行业分别是：①化学原料及化学制品制造业（样本数为9253，占总体样本的12.34%）；②金属制品业（样本数为6589，占总体样本的8.91%）；③煤炭开采和洗选业（样本数为5484，占总体样本的7.32%）。样本数最少的三个行业为：①其他采矿业（样本数为2）；②燃气生产和供给业（样本数为34）；③烟草制品业（样本数为42）（表1）。

表1 样本数排名前三位和末三位的行业

Tab. 1 The largest and smallest three industrial sectors in sample population

	项目	国有企业	非国有企业	样本数	国企所占比例/%
前三位	化学原料及化学制品制造业	517	8 736	9 253	5.59
	金属制品业	89	6 589	6 678	1.33
	煤炭开采和洗选业	623	4 861	5 484	11.36
末三位	烟草制品业	23	19	42	54.76
	燃气生产和供应业	13	21	34	38.24
	其他采矿业	0	2	2	0

小型企业占了本次样本的主体，其样本数为53 266，占总体样本的71.05%；中型企业样本数为16 932，占总体样本的22.59%；大型企业样本数为4770，占总体样本的6.36%。

污染源普查数据中共包含5种污水处理方法，即物理法、化学法、物理化学法、生物法和组合法。除此之外有188家企业的污水处理方法未能归为这5类污水处理方法，故认为是其他方法。从整体样本上进行分析，物理法是被采用最多的污水处理方法，其样本数为26 297，占总体样本的35.08%；化学法样本数为15 508，占总体样本的20.69%；物理化学法样本数为2338，占总体样本的

3.12%；生物法样本数为10 133，占总体样本的13.52%；组合法样本数为20 504，占总体样本的27.35%。未能被归为以上5类处理工艺的其他方法样本数为188（表2）。

表2 污水处理工艺样本情况及主要应用行业

Tab. 2 Waste water treatment technology statistical summary

处理工艺	样本数	占总体样本比例/%	主要应用的行业
物理法	26 297	35.08	煤炭开采和洗选业、化学原料及化学制品制造业、黑色金属开采业
化学法	15 508	20.69	金属制品业、造纸及纸制品业、通信设备及其他电子设备制造业
物理化学法	2 338	3.12	化学原料及化学制品制造业、金属制品业
生物法	10 133	13.52	医疗设备制造业、医药制造业、农副食品加工业、化学原料及化学制品制造业
组合法	20 504	27.35	纺织业、化学原料及化学制品制造业、金属制品业、造纸及纸制品业

废水处理工艺的选择主要是由企业所在行业的性质所决定的。在上述5种污水处理工艺中，除物理化学处理法，其余4种工艺都在某些行业中占主导地位。

由于各种行业所产生的废水类型不同，所以需要不同的处理工艺。例如，物理法是对污水进行过滤、沉淀、离心分离及上浮等物理或机械的分离处理。物理法比较适用于固态污染物较多的行业，如煤炭开采和洗选业、金属开采冶炼业等。而化学法主要是通过加入化学物质与污水中有害物质发生中和、氧化、还原、分解化学沉淀等反应来对污水进行处理的。因此，化学法比较适用于产生化学污染物较多的行业，如金属制品业、造纸及纸制品业、电子设备制造业等。物理化学法主要是对污水进行气提、吹脱、吸附、萃取、离子交换等方法去除污染物。物理化学法适用于污水中同时存在化学污染物和固态颗粒污染物的行业，如化学原料及化学制品制造业、金属制品业等。生物法是通过微生物在污水中对有机物进行氧化、分解的新陈代谢过程对污水进行处理。生物法主要应用于产生有机污染物较多的行业，如医药制造业、农副食品加工业、化学原料及化学制品制造业等。组合法是多种工艺的综合使用方法，适合处理污染物比较复杂的行业，如纺织业、化学原料及化学制品制造业等。

3 关键因素分析

本研究主要研究的关键变量是污染治理投资和污染治理设备运行费用。本节以下部分对上述两个关键变量与企业性质、企业规模、处理工艺之间的关系进行分析。

3.1 污染治理投资费用

污染源普查数据中 74 968 个企业的污染治理平均投资为 252.32 万元。其中，国有企业污染治理平均投资为 1038.33 万元，非国有企业的污染治理平均投资为 202.42 万元。大型企业的污染治理平均投资为 1209.54 万元，中型企业为 487.89 万元，小型企业为 91.72 万元。采用物理工艺的平均投资为 184.12 万元，化学工艺的平均投资为 149.74 万元，物理化学工艺的平均投资为 236.66 万元，生物工艺的平均投资为 454.29 万元，组合工艺的平均投资为 319.51 万元。

3.1.1 污染治理投资与企业性质

39 个行业中有 25 个行业的国有企业的污染治理平均投资额显著高于非国有企业的污染治理平均投资额。其中，国有企业污染治理投资额最高的为石油加工、炼焦及压延加工业，其平均投资额为 3450 万元；其次为煤炭开采和选洗业，平均投资额为 3258 万元。而非国有企业投资额最高的为石油和天然气开采业，平均投资额为 1766 万元。根据单因素方差分析结果，总体上讲，39 个行业的污染治理平均投资额在国有企业和非国有企业中存在显著差异，即国有企业的污染治理投资额与非国有企业污染治理投资额的平均值显著不同。然而，根据分行业单因素方差分析的结果，在食品制造业、纺织业、医疗制造业等多个行业中污染治理投资额与企业性质间的关系并不显著。

3.1.2 污染治理投资与企业规模

分析污染治理平均投资额可以发现，除个别行业外，同行业中大型企业的污染治理投资额的平均值最高，其次为中型企业，小型企业最低。其中，大型企业平均污染治理投资额最高的行业为石油加工、炼焦及核燃料加工业，平均投资额为 4032 万元。中型企业投资额最高的行业为煤炭开采和选洗业，平均投资额为 2622 万元。小型企业投资额最高的行业为石油和天然气开采业，投资额为 667 万元。根据整体样本的单因素方差分析，总体来讲，污染治理投资额在不同规模企业中存在明显差异。同时，分行业单因素方差分析的结果表明，除有色金属矿采选业、其他采矿业、废弃资源和废旧材料回收加工业、水的生产和供应业 4 个行业以外，其他所有行业的污染治理投资额在不同规模企业中存在显著差异。

3.1.3 污染治理投资与处理工艺

污染源普查数据中包含5种污水处理工艺，分别为物理法、化学法、物理化学法、生物法及综合法。污水处理方法的选择主要是由企业所在的行业性质所决定的。根据污染治理投资额平均值及同行业单因素方差分析结果，在大部分行业中采取不同的污水处理工艺，污染治理投资额平均值存在显著差异。

3.2 污染治理设备运行费用

本次样本中74 968家企业的平均污染治理设备运行费用为49.1万元/年。其中，国有企业平均污染治理设备运行费用平均为110.72万元/年，非国有企业的污染治理设备运行费用平均为45.18万元/年。大型企业的污染治理设备运行费用为246.84万元/年，中型企业为74.61万元/年，小型企业为23.27万元/年。采用物理工艺的平均运行费用为33.28万元/年，化学工艺的平均运行费用为35.61万元/年，物理化学工艺的平均运行费用为99.78万元/年，生物工艺的平均运行费用为55.76万元/年，组合工艺的平均运行费用为69.48万元/年。

3.2.1 污染治理设备运行费用与企业性质

污染治理设备的运行费用总体平均值为49万元/年。其中，70 492家国有企业平均运行费用为45万元/年，4475家非国有企业的平均运行费用为111万元/年。国有企业平均运行费用最高的是石油和天然气开采业，平均运行费用为539.04万元/年。非国有企业运行费用最高的是石油加工、炼焦及核燃料加工业，平均运行费用达到619万元/年。总体上讲，国有企业和非国有企业的运行费用存在显著差异。而根据分行业单因素方差分析的结果，运行费用的差异性在一些行业中并不明显，建模时应予以考虑，并作相应处理。

3.2.2 污染治理设备运行费用与企业规模

绝大多数行业中，大型企业的污染治理设备运行费用最高，其次是中型企业，小型企业的运行费用最低。其中，运行费用最高的是造纸及纸制品行业的大型企业，其运行费用达到897万元/年；其次是石油加工、炼焦及核燃料加工业的大型企业，其运行费用达到787万元/年。根据整体样本的单因素方差分析，总体来讲，污染治理设备运行费用在不同规模企业中存在明显差异。分行业单因素方差分析结果表明，除纺织业、食品制造业等7个行业以外，其他所有行业的污染治理设备运行费用在不同规模企业中存在显著差异。

3.2.3 污染治理设备运行费用与处理工艺

污水处理方法的选择主要是由企业所在的行业性质所决定的。根据污染治理设备运行费用平均值及同行业单因素方差分析结果，在大部分行业中采取不同的污水处理工艺，污染治理设备运行费用的平均值存在显著差异。

3.3 投资、运行费用与企业规模、企业性质、处理工艺之间的关系

通过相关系数矩阵分析，污染治理投资与运行费用、国有企业、大型企业、中型企业、生物处理工艺、组合处理工艺存在正相关关系。同时，污染治理投资与非国有企业、小型企业、物理处理工艺、化学处理工艺、物理化学处理工艺存在负相关性。污染治理设备运行费用与污染治理投资、国有企业、大型企业、中型企业、物理化学工艺、生物工艺及组合工艺存在正相关性，而与非国有企业、小型企业、物理工艺、化学工艺存在负相关性。简单分析相关性矩阵，各个因变量之间不存在非常高（高于 0.8）的相关系数，没有明显的共线性特征（表 3）。

表 3 关键因素相关系数矩阵

Tab. 3 Key variable correlation matrix

	治理投资	运行费用	国有企业	大型企业	中型企业	物理	化学	物化	生物
治理投资	1	0.036 05	0.036 89	0.046 49	0.023 7	−0.009 34	−0.01	−0.005	0.014 9
运行费用	0.036 05	1	0.026 21	0.087 01	0.023 27	−0.019 63	−0.012	0.015 4	0.005 8
国有企业	0.036 89	0.026 21	1	0.242 95	0.097 93	0.022 68	0.006 4	0.025 7	−0.002
大型企业	0.046 49	0.087 01	0.242 95	1	−0.140 8	−0.047 32	0.020 4	0.026 2	0.024
中型企业	0.023 7	0.023 27	0.097 93	−0.140 8	1	−0.090 61	−0.009	0.02	0.095 5
物理	−0.009 34	−0.019 63	0.022 68	−0.047 32	−0.090 61	1	−0.375	−0.132	−0.291
化学	−0.009 76	−0.011 62	0.006 43	0.020 41	−0.008 56	−0.375 4	1	−0.092	−0.202
物化	−0.000 52	0.015 35	0.025 73	0.026 17	0.019 99	−0.131 88	−0.092	1	−0.071
生物	0.014 88	0.005 78	−0.001 63	0.024 02	0.095 48	−0.290 6	−0.202	−0.071	1

注：由于模型中存在企业性质、企业规模、处理工艺等虚拟因子，此处默认小型、非国有、运用组合法的企业为基准企业。表中为 Pearson 相关系数，样本数为 74 967

3.4 不同因素对建立投资和费用函数的必要性

对污染源普查数据样本进行单因素分析，整体上来讲，污染治理投资和污染运行费用在不同性质、规模及采用不同工艺的企业中都存在明显的差异。因此，在污染治理投资和污染治理设备运行费用的函数中，应该加入上述因素。但是值得注意的是，分行业单因素方差分析的结果表明，在部分行业中上述因素的影响并不显著。例如，食品制造业、纺织业、化学纤维制造业等行业的污

染治理投资在不同性质企业中差异并不显著；有色金属采矿业、水的生产和供应业、废弃资源和废旧材料回收加工业等行业的污染治理投资在不同规模企业中差异不显著。其他对某些因素差异不显著的行业见表4、表5。

表4　污染治理投资在部分因素中差异不显著的行业

Tab. 4　Industries that have the following factors which are not statistical significant in investment

对企业性质不显著	对企业规模不显著	对处理工艺不显著
食品制造业	有色金属矿采选业	电力、热力的生产和供应业
纺织业	其他采矿业	石油和天然气开采业
纺织服装、鞋、帽制造业	废弃资源和废旧材料回收加工业	黑色金属矿采选业
化学纤维制造业	水的生产和供应业	有色金属矿采选业
皮革、毛皮、羽毛（绒）及其制品业		非金属矿采选业
医疗制造业		烟草制品业
电力、热力的生产和供应业		印刷业和记录媒介的复制
有色金属矿采选业		非金属矿物制品业
非金属矿采选业		仪器仪表及文化、办公用机械制造业
烟草制品业		废弃资源和废旧材料回收加工业
木材加工及木、竹、藤、棕、草制品业		水的生产和供应业
家具制造业		
橡胶制品业		
塑料制品业		
非金属矿物制品业		
金属制品业		
通用设备制造业		
专用设备制造业		
交通运输设备制造业		
电气机械及器材制造业		
仪器仪表及文化、办公用机械制造业		
工艺品及其他制造业		
燃气生产和供应业		
水的生产和供应业		

表5　污染治理运行费用在部分因素中差异不显著的行业

Tab. 5　Industries that have the following factors which are not statistical significant in operation cost

对企业性质不显著	对企业规模不显著	对处理工艺不显著
农副产品加工业	纺织业	农副产品加工业
食品制造业	食品制造业	食品制造业
饮料制造业	烟草制品业	饮料制造业
纺织业	文教体育用品制造业	纺织服装、鞋、帽制造业
纺织服装、鞋、帽制造业	专用设备制造业	化学原料及化学品制造业
造纸及纸制品业	废弃资源和废旧材料回收加工业	化学纤维制造业
化学原料及化学品制造业	水的生产和供应业	皮革、毛皮、羽毛（绒）及其制品业

续表

对企业性质不显著	对企业规模不显著	对处理工艺不显著
化学纤维制造业		电力、热力的生产和供应业
皮革、毛皮、羽毛（绒）及其制品业		煤炭开采和洗选业
医疗制造业		黑色金属矿采选业
有色金属冶炼及压延加工业		非金属矿采选业
煤炭开采和洗选业		烟草制品业
有色金属矿采选业		家具制造业
烟草制品业		文教体育用品制造业
木材加工及木、竹、藤、棕、草制品业		橡胶制品业
文教体育用品制造业		通用设备制造业
塑料制品业		专用设备制造业
非金属矿物制品业		电气机械及器材制造业
金属制品业		仪器仪表及文化、办公用机械制造业
通用设备制造业		废弃资源和废旧材料回收加工业
专用设备制造业		
交通运输设备制造业		
电气机械及器材制造业		
仪器仪表及文化、办公用机械制造业		
工艺品及其他制造业		
燃气生产和供应业		
水的生产和供应业		

在建立污染治理投资模型和污染治理设备运行费用模型的时候应该加入企业性质、企业规模、处理工艺等虚拟变量对相关差异进行控制。同时，比较重要的虚拟变量为企业所在行业及企业所在地域。由于产生污水的类型，所需要的污水处理设备等都与企业所在行业关系密切，所以在进行建模的时候需要加入行业虚拟变量以控制行业与行业间的差异性。除此之外企业所在地域也是影响污染治理投资和运行费用的重要因素。地域因素可以影响污染治理设备和运行费用的技术成本、人力成本、材料成本、运输成本等因素。因此，在建模过程中应该加入企业所在地区的虚拟变量用以控制地域与地域之间的差异。

4　结论及水污染投资费用函数建模意见

污染治理投资和污染运行费用在不同性质、规模及采用不同工艺的企业中都存在明显的差异。因此，在污染治理投资和污染治理设备运行费用的函数中，应该加入上述因素。小样本行业可以进行合并或者舍弃。例如，其他采矿业，其样本数仅为 2，均为非国有小型企业，这样的行业样本不足以对关键变量进行解释。除此之外，一些行业在某些变量下样本数为零或者很少，如废弃资源和废旧材料回收加工业，国有企业样本数为零，家具制造业、塑料制品业、工艺品及其他制造业的国有企业样本数仅为 2，这样的行业样本，在分析行业性质对关键因素影响的时候应予以合并或者剔除。

在建立污染治理投资、污染治理设备运行费用模型的时候，不但应该加入企业性质、企业规模、处理工艺等虚拟变量，还应该加入企业行业、企业所在地域等变量。同时，应该考虑加入这些因素的交叉效应。比如，行业与处理工艺、行业与企业规模、行业与企业性质、地域与行业之间都存在密切关系，所以在建模的时候应该考虑加入类似的交叉效应。

重要的建模因素包括企业性质、企业规模、处理工艺、所在行业、所在地域等，以及部分因素之间的交叉效应。在检测的因变量（企业性质、企业规模、处理工艺）中，与关键变量（投资、费用）关系最强的是企业规模，其次为处理工艺，最后是企业性质（根据单因素方差检验中 r-square 判断）。另外，数值变量中的污水处理能力、耗电量，以及处理后水中污染指标等也是重要的数值变量。

通过残差正态分布分位数图分析（图 1、图 2），建议对污染治理投资、污染治理运行费用进行对数变换。污染治理投资与污染治理运行费用之间也存在一定联系。故在对其中任一变量进行建模分析时，应考虑加入另一变量作为自变量。

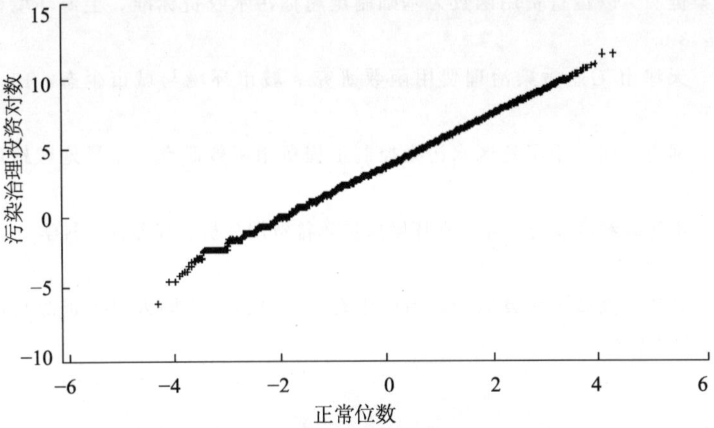

图 1　指数形式的水污染治理投资分位图

Fig. 1　The normal quantities plots of logarithmic model

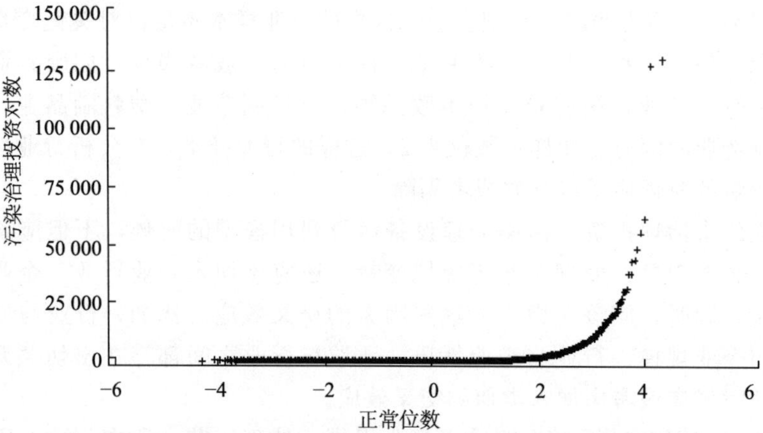

图 2　非指数形式的水污染治理投资分位图

Fig. 2　The normal quantiles plots of logarithmic model and regular model

参 考 文 献

[1] 秦肖生，曾光明．费用函数线性化影响因素分析．湖南大学学报，2000，27（5）：55-59.

[2] 刘振中，李越．BP 神经网络在沉淀池费用函数模型中的应用．南昌工程学院学报，2006，25（3）：50-52.

[3] 林澎，黄平．运用遗传算法进行污水厂费用函数拟合．四川环境，2007，11（6）：17-20.

[4] 陈鸣剑，叶禄．城市污水处理厂费用函数的讨论．河海大学学报，1992，12（2）：33-36.

[5] 马铭，桑健明．以运行费用函数为基础制定超标污水收费标准．上海环境科学，1995，14（4）：3-6.

[6] 邵玉林．天津市工业污染治理费用函数研究．城市环境与城市生态，1999，15（1）：12-14.

[7] 何秉宇，阿屯古丽．干旱地区水污染控制工程费用函数研究．干旱地区地理，2001，6（1）：17-20.

[8] 方国华．水污染经济损失计算与水环境保护效益费用分析．江苏社会科学，2005，3（3）：24-27.

[9] 黄凯，郭怀成．流域水污染综合防治的生态效益分析．中国人口·资源与环境，2007，17（6）：109-112.

城市环境公共品居民支付意愿的家庭结构影响研究

——基于杭州市社区河流环境CVM调查①

□ 张翼飞[1②]　石灵云[2]　张　蕾[3]

(1. 上海对外贸易学院国际经贸学院；

2. 上海大学经济系；3. 浙江理工大学经济管理学院)

摘要： 以杭州市社区河流为研究对象，从家庭结构异质化角度，通过852份问卷研究了4-2-1家庭中有老人和儿童的家庭的支付意愿特征。回归分析结果表明：控制了社会经济变量、居民与河流关系变量和环境感知变量，只有儿童或只有老人的家庭支付意愿低于对照组；而同时有儿童和老人的家庭支付意愿显著高于对照组，显示出这类家庭对社区河流的偏好高于其他家庭。其可能的解释为：老人与孩子的相伴使得河边休闲的时间较长，从而这类家庭更关心河流环境质量。这一结论有助于揭示家庭结构与环境物品偏好的关系，为有效的环境公共政策提供科学依据。

关键词：环境公共品　支付意愿　河流生态恢复　家庭结构　4-2-1家庭

Study on Willingness to Pay for Environmental Public Goods Based on Household Structure

Zhang Yifei, Shi Lingyun, Zhang Lei

Abstract: The WTP of household with 4-2-1 structure was specially studied employing CVM (Contingent Valuation Method) in residential area around Can-

---

① 国家自然科学基金项目（40901291）；上海市教委科研创新项目（13YZ053）。

② 张翼飞，通信地址：上海对外贸易学院国际经贸学院；邮编：201620；邮箱：Yifei _ zhang@126.com。

huaxiang river in Hangzhou. Based on 829 questionnaires controlling the social-economic variables, environmental awareness variables and variables reflecting people's relation with the river, the results of regression indicated the household with old people and children willing to pay more for the river restoration project and household only with children or old people willing to pay less for that . One of the possible explanation is that old people accompanied with children is more likely to stay longer around river. The study is essential to understand urban residents' preference for environmental public goods and the result will help the government to design efficient environmental public policy.

Key words: Environmental public goods WTP (willingness to pay) River restoration Household structure 4-2-1 household

1 引言

城市公共绿地、河流等环境公共品的偏好揭示始终是公共品供应领域的重要问题。一方面，在公共品供给中，唯有以公众需求为导向的公共品供给，才能避免政府在公共品供给方面的效率低下与社会资源的巨大浪费；另一方面，公共品自身的非排他性、在公共品消费中的“搭便车”现象，使得人们不愿意透露其真实需求。所以，准确全面地反映社会公众的需求是保证公共产品供给科学合理的基本要义[1]，同时也是居民福利测度的重点。与此同时，不同于其他的公共品，城市内水体由于受自然条件和社会规划的综合影响，与居民生活、城市建设之间呈现复杂的互动关系。环境保护滞后于经济发展导致大量城市河流被污染和填埋，成为影响城市居民的福利水平的负面因素。供给与需求之间矛盾的凸显使得对社区河流偏好的研究更显得迫在眉睫。

不同的文化背景、人口特征、经济状况等特征使得人们对河流的偏好也呈现显著差异，其中，家庭结构的差异是导致人们对社区水体休闲需求的差异的主要因素之一。针对本文研究的城市河流这一公共品，不同的家庭结构由于其休闲方式、休闲时间及经济水平的不同，对城市河流的环境意识和环境态度不同，这导致对城市河流的休闲需求特征也呈现显著的差异。本文将重点讨论，与其他家庭相比，4-2-1 家庭对社区水体环境的休闲行为与环境态度是否呈现显著差异，以及通过怎样的机制产生影响。其原因如下。

其一，与其他家庭结构的家庭相比，4-2-1 家庭结构的家庭表现为家中老人和儿童空闲时间多、家庭抚养负担沉重等特点。因此，对免费的公共物品的消费需求相对而言会有所增加。同时，老年人和儿童由于生理条件的限制，对公共品的空间可达性要求比较高，所以邻近社区的公共物品的供给可能对老年人和儿童的生活质量产生更为显著的影响，而社区周边河流及其周围的休闲空间的环境质量可能成为影响这一类既有老人又有儿童的家庭生活满意度的重要因素。

其二，20 多年的独生子女政策使得中国的家庭结构发生了很大的变动，4-2-1家庭结构的家庭数量较之以往有了明显的提升[2,3]。同时，该类家庭引发的养老育儿问题已演变为一个重要的社会问题[4]。在这方面，虽然人口学领域对此有所研究，内容主要涉及老年人生活满意度的研究、养老模式的选择[5~8]。而对该类家庭结构的成员与城市公共环境的关系关注不够，与社区水体环境的关系未有提及。而社区水环境作为老年人主要的活动场所之一，其环境质量是影响老年人生活满意度的重要因素。

不同于普通私人物品，城市河流及其周围休闲地带呈现开放性消费的特点，从而无法从市场准确获知对该类物品的需求信息，因此需要借助特定的非市场手段。意愿价值评估法（contingent valuation method，CVM）[9]基于构造假想市场调查人们对生态环境物品质量变化的支付意愿（willingness to pay，WTP）和受偿意愿（willingness to accept，WTA）[10]，是可以揭示人们对环境物品等非市场物品偏好的重要技术手段。对于河流生态恢复支付意愿的研究，徐中民等[11]、张志强等[12]、赵军和杨凯[13]、张翼飞和刘宇辉[14]和蔡志坚等[15]做了相关研究，已有研究结果表明：收入、教育、户籍等因素是影响支付意愿差异的重要因素。但是对于不同的家庭结构对支付意愿的影响还未见有研究。尤其是 4-2-1 家庭中对水环境等公共环境的改善意愿呈现怎样的差异性特征，还没有被很好地揭示。需要说明的是，根据本文对环境公共品的研究目的，本文的研究对象为 4-2-1 家庭类型中有 60 岁以上老人和 12 岁以下儿童同住的家庭。

基于以上分析，本文有如下假设：有老人和儿童的家庭与没有老人和儿童的家庭在河流生态的支付意愿上存在显著差异。本研究借助意愿价值评估法，构造社区河流生态恢复的假想市场，通过问卷调查，询问家庭的支付意愿，探索有该类家庭对河流水体生态服务的支付意愿的差异特征。

2 研究设计与数据来源

2.1 研究区域自然与社会情况

杭州地处长江三角洲南翼、杭州湾西端，是浙江省省会和经济、文化与科教中心，市内河流众多。本次调研区域位于杭州市拱墅区，从20世纪下半叶开始，拱墅境内集聚了杭州钢铁厂、半山发电厂、中石化炼油厂等众多国营大中型工业企业。拱墅区作为杭州的工业重地，运河两岸，工厂林立，流经此地的运河段在20世纪急剧的工业化发展中污染严重，伴随着杭州市运河工程的修复，推进运河综保工程的同时，拱墅全面开展了污水治理和河道整治项目，总投资超过87亿元。截至2010年8月底，拱墅区在两年半的时间里，关停并转企业303家，并正着手推动另外196家企业的关停并转，新增绿化175万平方米。在建设“生活品质之城”的进程中，拱墅区加快生态区建设，将区域的环境整治、工业企业搬迁、截污纳管、河道整治和绿化建设等协调推进[16]。

由于拱墅区地处城郊结合部，河道整治面临着很大的困难：一是拱墅是杭州的老工业城区，辖区内工矿、危化企业对水环境的影响较大；二是辖区内分布着众多“城中村”，沿河环境脏乱，基础配套设施也相对滞后；三是由于多数运河支流没有铺设专用污水管道，附近居民及工厂的生活、生产污水不经处理便直接排入河道，水质全部在劣五类以下，对运河水质造成了严重污染。

本次调研主体为蚕花巷河，是京杭大运河的支流，在运河整治进程中开展得较晚。在2010年上半年调研时，调研区域直接排污现象还很普遍，从2010年10月开始，该区域的河流整治正式动工，河流沿岸的棚户区和小店铺开始拆迁。问卷调研主要在三个区域展开，调研区域一集中在拱北小区，此段河流一侧为拱北小区，另一侧为废弃的工业和低矮的棚户区，调查对象主要是拱北小区居民和小区店铺的服务人员；调研区域二的水体两侧为工厂和小商贩店铺，附近有学校和经营市场，调查对象主要是学生、个体经营者和外来务工人员；调研区域三的大部分房屋是自建房，居住了大量的城市扩建中农转非的居民和外来租户，调查对象主要是农转非的居民和租房居住的务工者。

2.2 问卷设计及调查

根据研究目的和国内外相关研究成果[17,18]设计问卷。问卷主要包括两个部分：第一部分以图片和说明文字向居民说明河流的环境状况和本问卷的研究目的；第二部分是问题部分，包括水体生态环境、生活与河流的关系、水环境质量和个人收入改变组合选择、家庭和个人基本情况等内容。本次调查的核心问题借鉴CVM经常采用的投标博弈[19]的方法，对个体在水环境质量和收入改变组合中进行选择，即首先问受访问者是否愿意减少100元以换得水环境的质量改善，如果接受，则该部分问题结束，如果拒绝，则接着询问是否愿意接受50元的收入损失。投标值借鉴以往研究结果[14,18]，选择100、50、20、10、1五个数值。

问卷中问题如下。

为了了解您对此河流水环境改善与生活质量提高的关系，请在以下关于水环境质量和收入改变的组合中进行选择：

(1) 请在以下关于水环境质量和收入改变的组合中选择一项（选 A 请继续；选 B 请做第 5 题）

A. 家庭月收入不变；水环境维持现状，部分河段黑臭。

B. 家庭月收入减少 100 元；水环境治理达标。

(2) 请在以下关于水环境质量和收入改变的组合中选择一项（选 A 请继续；选 B 请做第 5 题）

A. 家庭月收入不变；水环境维持现状，部分河段黑臭。

B. 家庭月收入减少 50 元；水环境治理达标。

在前期进行的河流 CVM 研究[14,18]中，采取开放式问卷、支付卡问卷、单边界问卷等，但居民普遍对“支付多少钱”这样直接的问题呈现抗拒心理，而且由于其他非收入约束的原因，如对资金使用的不信任、对河流治理缺乏信心，调查的有效性都将受到影响。本研究借鉴投标博弈法，构造收入减少和河流改善的不同消费集，让受访者从中选择，这样的问题形式可以帮助居民更好地理解环境物品和私人物品的取舍问题，从而提高调查数据的有效性。有别于投标博弈从较低值开始询问，本文采取从最高值开始。因为多次的调研经验显示，较低值开始的问题，受访者易产生厌烦情绪，从而拒绝完成问卷，而从较高值开始，可以逐步诱导受访者完成问卷。

本次调查采用面访形式，调查人员由研究生和高年级本科生组成，在研究区域内随机抽样。发放问卷 1000 份，回收 829 份，回收率为 82.9%。

3 数据统计与分析

3.1 总样本特征

受访者和家庭人口信息见表 1，受访者 52.6%是女性，平均年龄 40 岁，42%是家庭主要收入者。36.4%的家庭有儿童，34.7%的家庭有 60 岁以上老人，既有老人又有孩子的家庭占 14.08%。超过 50%的家庭居住在河边区域少于 5 年，17.8%的家庭在此区域居住超过 20 年；家庭收入在每月 3000 元以下的超过 40%，7000 元以上的家庭占 17.2%。

表 1　调查样本特征描述

Tab. 1　Characteristic description of sample

项目	均值或比例	项目	均值或比例
性别（女）	52.6%	受访者是家庭主要收入者	42%
受访者年龄（岁）	40.1（15.5）	平均居住年限（年）	10.8（14.5）
能在居所看到河流	49.6%	步行到河边	86.2%
经过河边	74.7%	水体改善后会增加去河边休闲	99.5%
在河边区域居住的时间		家庭收入	
居住期5年以下	51.7%	3000元以下	41.2%
居住期超过10年	29.7%	3000～5000元	27.4%
居住期超过20年	17.8%	7000元以上	17.2
家庭结构		教育状况	
有儿童的家庭	36.4%	大专以上	31.1%
家中有老年人的家庭	34.7%	高中以上	51.6%
有老人及儿童的家庭	14.08%	到河边休闲的频率	
对水体现状的评价		每天都去	37.60%
1＝非常满意	0.78%	一周去1～3次	24.55%
2＝比较满意	17.18%	一个月去1～2次	10.98%
3＝不太满意	41.99%	从来不去	20.16%
4＝非常不满意	40.05%		

注：括弧内为方差

调查中居民与河流关系状况见表1，在对水体现状的满意程度调查中，超过80%的居民对水体表示不满意或非常不满意，这与水体黑臭、垃圾漂浮的环境现状相符。对人与水体关系的调查显示，约50%的居民每天在居所就可以看到河流，约75%的居民每天都经过河流。这说明居民对河流是比较熟悉和了解的，他们的评价有效性较强。关于人们利用水体的方式和频率，超过80%的居民选择步行到河边，平均用时5～6分钟。每天去河边的居民近40%。超过60%的居民每周至少去一次。可见，该河流是大多数居民的主要休闲场所。在居民环境态度问题上，有99.5%的居民认为河流治理干净后，会增加来河边休闲的频率，可见大多数居民认同河流水环境的重要性。

3.2　支付意愿分布

居民愿意支付的情况如图1所示。在给出的备选选项中，支付意愿呈现U形分布形态。居民不支付的比例为27.26%，与相关研究相符[14]。在支付大于零的样本中，对4个数值的选择比例为12.27%～19.77%，选择100元的比例最高，为19.77%，其后依次为：选择10元的占15.63%，选择20元的占12.66%，选择1元的占12.40%，选择50元的占12.27%。在0、1、10、20、50、100六个选项中，中位数为10元。不包括0选项，中位数为20元。若将这六个选项数字当做连续数据，则平均数为20。与国内相似经济发展水平的地区开展的河流CVM研究[14,18]的结果相似。

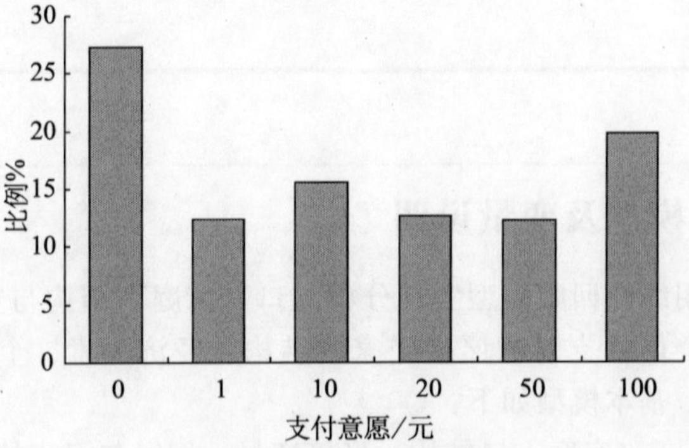

图1　居民支付意愿分布

Fig. 1　Distribution of WTP

3.3　有老人和孩子的家庭与对照家庭的主要统计值比较

分析有老人和孩子的家庭和其他家庭在环境评价、居民和河流的关系、居民社会经济状况和居民对河流的支付意愿的差异，不控制其他混杂因素，分类变量用卡方检验，连续变量用T检验。描述性分析结果见表2。

表2　不同家庭结构基本特征的T检验（卡方检验）

Tab. 2　T Test（X^2 Test ）of household characteristics

统计量		总体	
		有老人和孩子的家庭	其他家庭
	河流生态恢复的支付意愿/元	33.89 (3.82)	29.51 (1.46)
环境意识与环境评价	对水体现状满意的比例/%	17.43	18.05
	到河边休闲的频率大于一个月两次的样本/%	35.78	37.89
居民与水体的关系	每日经过河流的样本的比例/%	72.48	75.04
	步行到河流的样本比例 /%	82.57	86.77
	在沿河区域居住的时间 *** /年	14.86 (1.75)	10.16 (0.54)
社会经济状况	低收入家庭的比例/%	40.37	41.35
	高等教育的样本比例 ** /%	22.02	32.63

注：括弧内为方差

** $p < 0.05$；*** $p < 0.01$

结果显示：有老人和孩子的家庭的支付意愿比对照家庭均值高，但是在统计上不显著；对环境满意情况在组间无显著差异；在河流附近区域的居住期在家庭结构分组间有显著性差异，有老人和孩子的家庭居住时间显著比对照家庭时间长；高等教育的比例在组间呈显著差异，有老人和孩子的家庭的受调查者受高等教育的比例显著低于对照组；收入情况在组间无显著差异；到河边休闲的频率、步行到河流的比例在组间无显著差异。

4 实证分析

4.1 基本模型及变量说明

本部分将运用线性回归模型实证分析人口（家庭）结构与支付意愿的关系。已有研究表明，个体的支付意愿是受家庭结构、经济因素、个体与河流关系等因素的共同作用。基本模型如下：

WTP＝F（家庭人口结构、经济变量、居民与河流的关系）

本文重点研究有老人和孩子的家庭对水体改善支付意愿与其他家庭的差异。模型变量中设置了：有无老人、有无儿童，以及老人与儿童的交叉项。控制变量主要是两大类[19,20]，第一类是家庭经济因素，参考相关文献，设置家庭收入、教育、居住期 3 个变量；第二类为人与水体之间关系的变量，如是否经过河流、到河边休闲频率及到达河流的交通方式。由于支付意愿是以家庭为单位，因此性别未纳入方程。变量定义见表 3。

表 3 解释变量定义

Tab. 3 Definition of Explanatory Variables

解释变量	符号	变量定义和单位
去河边休闲的频率	Freq	虚拟变量，每天去＝1，其他＝0
对水体现状的满意程度	Satis	虚拟变量，满意与非常满意＝1，其他＝0
日常生活经过河流的情况	Passby	虚拟变量，经过＝1；其他＝0
是否步行到河边	Walk	虚拟变量，步行＝1，其他＝0
低收入组	Income _ 1	虚拟变量，收入在 3000 元以上＝1，其他＝0
高收入组	Income _ 2	虚拟变量，收入在 7000 元以上＝1，其他＝0
教育	Educ	虚拟变量，大专以上教育＝1，其他＝0
居住期/年	Year	连续变量，居民在沿河区域的居住期
家庭有老人	Old	虚拟变量，家中有老人＝1，其他＝0
家庭有儿童	Child	虚拟变量，家中有儿童＝1，其他＝0

4.2 回归结果分析

对数据进行 OLS 回归，结果见表 4。从表 4 中可以看到，家庭结构变量中有老人、有儿童、同时有儿童和老人的变量对支付意愿的影响显著；经济因素中教育和低收入组对支付意愿影响显著，高收入组变量对支付愿影响不显著；

个体与河流关系中每日经过河流和居住年限对支付意愿影响显著，对河流感知、住房可看到河流、到河边休息的频率等变理对支付意愿影响不显著。

表 4　回归结果

Tab. 4　Regression result

支付意愿		系数	标准误差
家庭结构	年龄	−7.745**	(3.629)
	儿童	−7.962**	(3.456)
	有儿童和老人	19.45***	(5.685)
社会经济因素	教育	18.72***	(3.209)
	低收入组_1	−9.682***	(2.996)
	高收入组_2	4.695	(3.907)
个体与河流关系	对水体现状的满意程度	4.224	(3.421)
	日常生活经过河流的情况	10.66***	(3.074)
	去河边休闲的频率	−1.790	(2.883)
	是否步行到河边	0.749	(3.957)
	居住期	−0.259***	(0.096 6)
常数项		24.21***	(5.043)
观测值		727	
R^2		0.150	

4.2.1　老人与孩子的变量分析

回归结果显示，仅有老人的家庭和仅有儿童的家庭显著，但符号为负。这表明在一个家庭中老人和儿童的加入会影响到家庭对社区河流治理的支付意愿，即不愿意为了高质量的休闲环境支付费用。而儿童与老人的交叉项回归结果显著，且符号为正，即既有老人又有孩子的家庭不仅对社区河流的休闲需求比较高，且对于高质量的环境有较强的支付意愿。一个可能的解释是，在河边逗留的时间长短，而这恰巧是最能影响支付意愿的因素。在经济发达的城市，社会竞争激烈，中青年的工作时间普遍加长，休闲的时间成本高昂，因此，陪伴老人或孩子在社区河流休闲逗留的时间较短，对水环境质量的敏感度降低，因此表现为对水环境的治理支付意愿不高。而有老人和孩子的家庭，老人有了孩子的相伴，在河边休闲嬉戏的时间比较充裕，逗留的时间比较长，从而更关注水体的质量。并且有老人的家庭，老人对家务的分担使得中青年人的时间相对宽裕，也将延长中青年在河流区域休闲的时间。

4.2.2　控制变量：社会经济因素的影响

月收入低于 3000 元的家庭相对其他较高收入组，支付意愿显著较低，符合经济理论预期，也与已有研究成果一致[14]。大专以上教育背景的居民的支付意愿比较低教育背景的家庭支付意愿显著较高，这一结果也与已发表的文献的研究结果相符[14]。

4.2.3 控制变量：个体与河流关系的影响

结果显示，每日经过河流的居民支付意愿比不经过的居民显著高，显示出居民对于与自身关系紧密的公共事务较为关心；居住时间长的老居民支付意愿显著低于新居民，这也与前期上海市的研究结果相符。访谈中，很多居民对河流现状表现出极大的不满，尤其是一些老年居民，他们以前就生活在本地，回忆起小时候在河流中嬉戏等情景，他们认为恶劣的水环境是由于周边开设的一些商店和企业的排污导致的，并认为政府在河流治理环节没有给予足够的重视和关注，才导致河流的污染现状。

去河边的频率、是否步行及对河流的感知等变量不显著。对河流水环境现状不满意的居民与满意的居民支付意愿没有显著性差异。这与面访中的信息一致，不满意的居民中的大部分人认为应该由政府承担河流清理和整治的费用，而不应该是个人承担，因此在支付意愿上没有明显的变化。

5 结论与讨论

对城市环境公共品的偏好的揭示，是环境治理工程实施有效成本-收益分析的重要研究内容，是环境公共物品有效供给决策制定的重要参考依据。尤其在快速城市化背景下，该领域的研究对提高城市居民福祉，建设和谐社会有着重要的现实意义。

家庭结构、人口特征的差异使得居民对环境物品的偏好也有差异。有别于现有文献主要集中在对 4-2-1 家庭的生活负担和养老风险等方面的研究，本文从城市公共环境的居民消费角度，对在竞争激烈、生活成本和时间成本高昂的大城市，4-2-1 家庭对社区水环境等公共物品的消费需求和改善的支付意愿开展研究。采用意愿价值评估法，调查杭州市蚕花巷河流周围居民家庭对社区河流生态恢复的支付意愿。在对 829 份有效问卷数据进行分析的基础上，实证研究结果表明：单独有孩子或老人的家庭支付意愿低于对照组，而同时有儿童和老人的家庭在支付意愿显著高于其对照组其他家庭，显示出这类家庭对社区河流的偏好高于其他家庭。可能的解释是：这类家庭由于老人和孩子的相伴，在河流边休闲的时间较长，从而更关心河流环境质量。其他控制变量中低收入组比对照组支付意愿显著低，受到高等教育的居民家庭比对照组支付意愿显著高，每日经过河流的居民家庭支付意愿显著增加，在河边居住越长的家庭支付意愿显著降低；到河边的交通方式、休闲频率及对水体现状的满意度等变量不显著。

本文的结果为有效的人口-环境公共政策的制定提供了实证基础，同时对于评估正在进行的治理工程的经济和社会效益提供了科学依据，并且为4-2-1家庭结构的研究提供了环境科学的视角，丰富和拓展了现有人口学、环境科学与经济学的研究。

参考文献

[1] 秦颖．论公共品的本质——兼论公共产品理论的局限性．经济学家，2006，(3)：77-82.

[2] 宋健．“四二一”结构：形成及其发展趋势．中国人口科学，2000，(2)：41-45.

[3] 宋健．再论“四二一”结构：定义与研究方法．人口学刊，2010，(3)：10-15.

[4] 张尧，刘娇．基于四二一家庭结构的养老育幼模式研究．东方企业文化．2010，(9)：7-9.

[5] 郭志刚．关于中国家庭户变化的探讨与分析．中国人口科学，2008，(3)：2-10.

[6] 郭志刚，刘鹏．中国老年人生活满意度及其需求满足方式的因素分析——来自核心家人构成的影响．中国农业大学学报（社会科学版），2007，(3)：71-80.

[7] 刘晶．城市居家老年人主观生活质量评价及其影响因素研究．西北人口．2009，30 (1)：67-71.

[8] 陆杰华，白铭文，柳玉芝．城市老年人居住方式意愿研究——以北京、天津、上海、重庆为例．人口学刊，2008，(1)：35-41.

[9] Mitchell R C，Carson R T. Using Surveys to Value Public Goods：The Contingent Valuation Method. Washington D C：Resources for Future，1989.

[10] Freeman M A. The measurement of environmental and resource values. Washington DC：Resource for the Future，1993.

[11] 徐中民，张志强，程国栋，等．额济纳旗生态系统服务的总经济价值评估．地理学报，2002，57 (1)：107-116.

[12] 张志强，徐中民，龙爱华，等．黑河流域张掖市生态系统服务恢复价值评估研究——连续型和离散型条件价值评估方法的比较应用．自然资源学报，2004，19 (2)：230-239.

[13] 赵军，杨凯．上海城市内河生态系统服务的条件价值评估．环境科学研究，2004，17 (2)：49-52.

[14] 张翼飞，刘宇辉．城市景观河流生态修复的产出研究及有效性可靠性检验．中国地质大学学报（社会科学版），2007，7 (2)：39-44.

[15] 蔡志坚，杜丽永，蒋瞻．条件价值评估的有效性与可靠性改善-理论、方法与改善．生态学报，2011，31 (10)：2915-2923.

[16] 徐友龙．拱墅印象：怎一个“变”字了得．http：//news. sohu. com/20110112/n278820372. shtml [2011-01-12]．

[17] Hite D，Hudson D，Intarapapong W. Willingness to pay for water quality improvements：The case of precision application technology. Journal of Agricultural and Resource Economics，2002，27 (2)：433-449.

[18] 张翼飞．城市内河生态系统服务的意愿价值评估．复旦大学博士学位论文，2008.

[19] Davis R. 1963. The value of outdoor recreation：an economic study of the marine woods．PhD Thesis. Boston：Harvard University.

[20] 张翼飞，张蕾，周军．河流生态恢复意愿调查居民支付与否的经济学分析——基于上海城市河流 2010 年和 2006 年数据的比较．西北人口，2011，(1)：41-45.

经济发展对环境效应的影响研究

——基于长江三角洲 2005～2010 年城市面板数据

□张 燕[①] 高 峰

（浙江理工大学经济管理学院）

摘要：采用2005～2010年长三角25个城市的面板数据，分析经济增长、投资、城市规模与环境效应的关系。研究显示，污染物排放量与经济增长之间存在EKC关系，但仍有较多城市未超过其拐点呈下降趋势。长三角的工业化进程已不影响环境保护，且国内企业的发展与环境污染为反向关系，外商直接投资不存在“污染避难所”效应。从城市规模而言，废水污染在规模较小的城市更为严重，要加大中小城市环境基础设施建设，加强基层环境执法力度，促进中小城市的产业转型。

关键词：经济发展 环境效应 长江三角洲 投资 城市规模

Economic Growth and Environmental Effect

——Evidence from City Panel Data 2005～2010 in Yangtze River Delta

Zhang Yan, Gao Feng

Abstract: Using the city panel data from 2005 to 2010 in Yangtze River Delta, the paper analyzes the relationship between economic growth, investment, city scale and environmental effect based on the Environmental Kuznets Curve Hypothesis. The results show that there exists an inverted-U shaped relationship with pollution emissions and economic growth, However, some cities still do not pass the turning point, which means the virtuous circle of the economic growth and environmental improvement need more protecting policies. The industrial development in Yangtze River Delta has positive

① 张燕，通信地址：浙江理工大学经济管理学院，杭州下沙高教园区2号街928号；邮编：310018；邮箱：yzhanggf@163.com。

influence to environment, domestic investment has a negative relationship to environmental pollution and there is not the Pollution Haven Hypothesis for Foreign Direct Investment. In term of city scale, smaller cities have more serious water pollution. Therefore, policies of infrastructure, environment protection and industrial promotion should get more attention for medium and small cities.

Key words: Economic growth　Environmental effect　Yangtze River Delta investment　City scale

1 引言

伴随着我国持续快速的经济增长，环境破坏和生态恶化问题日益突出，生态文明建设迫在眉睫。长江三角洲位于全国“两横三纵”城市化战略格局中沿海通道纵轴和沿长江通道横轴的交汇处，包括上海市和江苏省、浙江省①。《全国主体功能区规划》将该区域的功能定位为长江流域对外开放的门户，我国参与经济全球化的主体区域，有全球影响力的先进制造业基地和现代服务业基地，世界级大城市群，全国科技创新与技术研发基地，全国经济发展的重要引擎，辐射带动长江流域发展的龙头，我国人口集聚最多、创新能力最强、综合实力最强的三大区域之一。长江三角洲能否率先加快转变经济发展方式，调整优化经济结构，提升参与全球分工与竞争的层次，将直接影响国家主体功能区战略的全面实施和生态文明建设的进程。

对于经济增长与环境污染的关系，Shafik[1]、Selden 和 Song[2]、Grossman 和 Krueger[3]提出了国民收入与环境污染之间存在倒 U 形曲线关系，环境污染在经济发展初期快于经济增长，而在经济增长到一定程度，环境污染将慢于经济增长的速度，即环境库兹涅茨曲线（environmental Kuznets curve，EKC）关系。很多学者通过选取具体国家或地区的经济增长和环境质量数据来进行实证分析以验证 EKC 假设，但是结论因实证方法和研究区域的不同而有显著差别，Selden 和 Song[2]、Galeottia 和 Lanza[4]的研究认为经济增长与环境污染之间符合 EKC 的倒 U 形曲线，Holtz 和 Selde[5]、Friedl 和 Getzner[6]的研究则认为随

① 通常，所谓的长江三角洲城市群是指上海市、江苏省的 8 个市（南京、苏州、扬州、镇江、泰州、无锡、常州、南通）和浙江省的 7 个市（杭州、宁波、湖州、嘉兴、舟山、绍兴、台州）。本文根据统计样本的需要将江苏省的徐州市、连云港市、淮安市、盐城市、宿迁市和浙江省的金华市、衢州市、舟山市、丽山市等地级市全部纳入，共计 25 个城市。

着经济的增长，环境污染最终将会加剧，而 Stern 和 Common[7]、Harbaugh 等[8]、Richmond 和 Kaufmann[9]则认为经济增长与环境污染之间并不存在显著的关系。对于我国经济增长与环境污染之间关系的实证研究，刘荣茂等[10]、王立平等[11]得到了我国的 EKC 倒 U 形曲线，认为我国环境污染状况将随着经济的进一步增长而有所改善，袁正和马红[12]利用跨国截面数据考察环境库兹涅茨曲线，认为我国的人均国民收入与环境拐点还相距甚远，主张慎言环境拐点，马树才和李国柱[13]、曹光辉等[14]的研究则认为我国环境污染将因经济增长而进一步加剧，而宋涛等[15]认为我国环境污染指标随收入变化存在明显的地区差异。由于跨国公司和外国直接投资在全球经济中扮演越来越重要的角色，对于 FDI 对经济增长与环境污染之间关系的影响，尤其是对发展中国家这二者关系的影响，学者们也进行了大量的研究，Eskelan 和 Harrison[16]、Cole 和 Elliott[17]讨论了“污染避难所”假说，即跨国公司将污染严重的产业转移到对环境要求相对不严格的发展中国家和地区，导致了这些地区的环境污染，但与此同时，FDI 对于发展中国家又存在“污染光环”效应，即与其本国的企业相比，跨国公司对环境的污染反而是较小的，Cole 等[18]也证明了这一点。我国作为发展速度快、规模大的发展中经济体，就 FDI 对我国环境的影响的讨论很多，He[19]采用 1994～2001 年中国 29 个省的面板数据，分析了 SO_2 排放量与 FDI 的关系，结果表明，FDI 每增长 1%，将增加 0.098%的工业 SO_2 排放。陈凌佳[20]利用我国 112 个重点城市 2001～2006 年的面板数据，分析得到 FDI 每增加 1%，工业 SO_2 污染强度增加 0.0587%，表明 FDI 对我国的生态环境具有一定的负面效应。但是，刘荣茂等采用 1991～2003 年中国省际面板数据，分析得出 FDI 与我国“三废”排放为负向关系，Zeng 和 Eastin[21]采用 1996～2004 年的中国省际面板数据，分析得出 FDI 对我国的环境保护产生积极的作用，Cole 等[22]采用 2001～2004 年的中国 112 个主要城市面板数据，将中国的 FDI 按来源分为港澳台投资与其他国家投资，研究认为来自其他国家的投资对中国的环境保护有积极影响，港澳台投资有温和的积极影响，国内企业则加剧环境污染，同时对中国的环境污染与经济增长之间的 EKC 进行了验证，认为中国尚未形成倒 U 形曲线，环境污染不会随着经济增长而必然减少，需要通过实施有效的政策来扭转环境恶化的趋势。

Munasighe[23]、Panayotou[24]的研究已经证明有效的环境政策能使 EKC 变得更加平缓，从而减少经济增长的环境成本，即环境政策对经济增长与环境污染之间的关系会产生重要的影响，李永友和沈坤荣[25]的研究显示我国采取的环境政策对减少污染排放起到了显著效果。

综上所述，目前的研究一方面主要是针对我国整体上经济增长与环境污染关系，基于对 EKC 倒 U 形曲线关系的讨论，主要集中在 2005 年之前的数据，而对于我国政府采取一系列环境保护政策和措施后二者关系的变化，讨论得较少；另一方面是对于环境污染的原因分析，主要集中在外商直接投资对各种污染排放物的影响方面，其他投资对环境污染的影响则较少涉及。基于各省的库兹涅茨曲线也有讨论，但较少涉及较大范围经济区域中经济发展与环境效应的影响因素。长江三角洲作为我国经济发展领先的区域，近年来吸收大量国内外投资，投资拉动型增长模式较为明显，且以上海为中心形成的长江三角洲城市群是我国较为成熟的城市群，研究该区域投资结构的变化，以及城市规模的不同对经济增长与环境效应的影响具有现实意义。本文采用 2005～2010 年长江三角洲 25 个城市的面板数据，以期反映最近几年在加大环境保护力度、着力改变经济增长方式的背景下，长江三角洲环境质量的变化和趋势；将投资细化到国内、三资和外商直接投资的层面，分析各种投资对环境污染的影响；并从城市群出发，探讨长三角城市群整体污染治理的政策效应，力图更加全面地反映该区域经济发展与环境效应的关系。

2 模型和数据

对于环境污染和经济增长的关系，大多采用以环境质量数据为因变量，人均 GDP 为自变量来拟合方程，为了分析特定因素对环境质量的影响，在人均 GDP 之外，模型中还可加入其他自变量。基于之前学者的研究和本文的研究目标，本文以公式（1）所示的模型为基础。

$$E_{it}=\gamma_i+\theta_t+\beta_1 X_{it}+\beta_2 X_{it}^2+\beta_3 R_{it}+\beta_4 P_{it}+\varepsilon_{it} \tag{1}$$

式中，i 为地区；t 为时间；E_{it} 为环境质量指标，用人均污染物排放量表示；γ_i 为各省市区的截距；θ_t 为各时间的截距；X 为收入水平，用人均 GDP 表示；R 为各省市区工业总产值与地区生产总值的比值（GIP/GDP）；P 为城市规模，为城市人口与总人口的比值；ε 为随机误差项。

本文需要分析不同来源的投资对环境污染的影响，进而基于投资结构分析经济增长与环境污染的关系，因此需要将工业总产值从来源的角度进一步细分，GIP_d 代表国内企业的工业总产值，GIP_h 代表三资企业的工业总产值，GIP_f 代表外商直接投资企业的工业总产值，公式（1）将变形为

$$E_{it}=\gamma_i+\theta_t+\beta_1 X_{it}+\beta_2 X_{it}^2+\beta_3 R_{dit}+\beta_4 R_{hit}+\beta_5 R_{fit}+\beta_6 P_{it}+\varepsilon_{it} \tag{2}$$

式中，i 为地区；t 为时间；E_{it} 为环境质量指标，用人均污染物排放量表示；γ_i 为各省市区的截距；θ_t 为各时间的截距；X 为收入水平，用人均 GDP 表示；R_{dit} 为

各市国内企业工业总产值与地区生产总值的比值（GIP_{dit}/GDP）；R_{hit} 为各市三资企业工业总产值与地区生产总值的比值（GIP_{hit}/GDP）；R_{fit} 为各市外商投资企业工业总产值与地区生产总值的比值（GIP_{fit}/GDP）；P 为城市规模，为城市人口与总人口的比值；ε 为随即误差项。

本文的实证分析数据采用长江三角洲两省（浙江省和江苏省）一市（上海市的 25 个地级及以上城市）2005～2010 年的面板数据。公式（2）中的因变量为环境质量数据，包括废水排放量、二氧化硫排放量、烟尘排放量、粉尘排放量，上述污染物排放量均以人均排放量作为探讨环境质量与经济增长关系的因变量。自变量为经济增长、投资结构和城市规模数据。关于经济增长，选用人均 GDP 衡量，为剔除物价水平变动的影响，各年人均 GDP 均使用 2005 年价格为基期修正；各种来源的投资，以对应企业（国内企业、三资企业、外商直接投资企业）的工业总产值与地区生产总值的比值来表示，用来度量各种投资对环境质量的影响；城市规模，以各城市人口与全国总人口的比值来表示，以考察由于城市规模的不同对环境治理的影响。所有数据均根据 2006～2011 年的《中国城市统计年鉴》整理得到。

具体指标数据见表 1。

表 1　各指标统计量说明

Tab. 1　Explanation of indicator statistics

变量	单位	含义	平均值	中位值	最大值	最小值	标准差
E_w	吨/人	人均工业废水排放量	40.687 54	30.996 10	130.680 6	6.172 360	33.044 30
E_{SO_2}	吨/人	人均工业二氧化硫排放量	164.909 8	138.687 8	781.117 9	33.949 66	104.550 9
E_{yc}	吨/人	人均工业烟尘排放量	49.438 51	42.756 58	180.923 8	7.236 640	36.087 04
X	元/人	人均 GDP	30 263.48	26 040.02	81 229.88	7 188.000	16 152.76
R	%	GIP/GDP	172.654 1	169.006 1	279.062 2	52.089 75	46.769 51
R_{dit}	%	国内工业企业 GIP/GDP	122.600 9	126.752 4	193.689 1	41.560 06	30.429 81
R_{hit}	%	三资企业 GIP/GDP	17.436 85	15.111 82	46.739 08	0.882 596	12.937 91
R_{fit}	%	外商投资工业企业 GIP/GDP	32.616 28	23.983 14	144.324 3	2.832 735	28.933 86
P	‱	城市人口比值	44.184 67	41.396 10	114.523 5	7.826 608	21.581 60

为了消除变量之间可能存在的异方差，并增强面板数据的平稳性，将所有变量都进行对数化处理，将公式（1）、公式（2）变形为公式（3）、公式（4）。

$$\ln E_{it} = \gamma_i + \theta_t + \beta_1 \ln X_{it} + \beta_2 \ln^2 X_{it} + \beta_3 \ln R_{it} + \beta_4 \ln P_{it} + \varepsilon_{it} \quad (3)$$

$$\ln E_{it} = \gamma_i + \theta_t + \beta_1 \ln X_{it} + \beta_2 \ln^2 X_{it} + \beta_3 \ln R_{dit} + \beta_4 \ln R_{hit} + \beta_5 \ln R_{fit} + \beta_6 \ln P_{it} + \varepsilon_{it} \quad (4)$$

与一般的二次项方程相比，对数化了的二次项方程更能反映经济增长与环境污染之间的关系。由于一般的二次项方程是对称的，这就意味着环境污染在收入水平达到一定程度后，即达到环境污染顶点后，污染物排放量会必然减少，且其减少速率与环境污染加剧时速率完全相同。而对数化的二次项在达到顶点后，会逐步下降，且曲线不对称地接近于零。另外，对数化的方程可以直接得到各变量之间的弹性，也便于进行进一步的分析。回归结果见表 2。

3 实证分析结果

长江三角洲 25 个地级及以上城市工业废水排放量、二氧化硫排放量、烟尘排放量指标与人均 GDP 的二次项关系，与不同来源投资企业工业总产值和地区生产总值的比值之间的关系，以及城市规模之间的关系见表 2。

对于工业废水排放量，与经济增长之间存在显著的环境库兹涅茨倒 U 形曲线，在不考虑其他因素的条件下，人均工业废水量的拐点出现在人均 GDP 达到 23 407.70 元处，2010 年，17 个城市已超过该拐点，未超过该拐点的城市为浙江省的温州市、丽水市、衡州市，江苏省的徐州市、盐城市、淮安市、连云港市、宿迁市；在考虑工业化、城市规模等因素的条件下，拐点分别出现在 32 925.98元和 34 438.27 元处，2010 年，上海市，浙江省的杭州市、宁波市、舟山市、绍兴市，江苏省的苏州市、无锡市、常州市、南京市、镇江市超过其拐点，可见虽然形成了倒 U 形曲线，但仍有很多城市尚未处于曲线下降部分。工业化程度与人均工业废水排放量呈反比关系，工业总产值占城市 GDP 总值的比重每增加 1%，人均工业废水排放量降低 0.46%，在不同来源投资对环境污染的影响上，国内企业的影响都是负向的，而三资企业和外资企业对工业废水排放量的影响不显著。城市规模对人均工业废水排放量的影响是负向的，即城市规模越大，废水污染情况越小，城市规模较小，废水污染情况却越严重。

对于二氧化硫排放量，与经济增长之间存在显著的环境库兹涅茨倒 U 形曲线关系，在考虑工业化、城市规模等因素的条件下，人均二氧化硫的拐点分别在 12 695.30 元和 15 894.26 元，所有城市均超过拐点，即随着人均 GDP 的进一步增长，二氧化硫排放造成的污染将得到缓解。工业化程度与人均二氧化硫排放量呈反比关系，工业总产值占城市 GDP 总值的比重每增加 1%，人均二氧

表 2　E_w、E_{so_2}、E_{yc}的二次项的固定效应回归结果

Tab. 2　The fixed effect regression results of EW、Esor Eyc

变量	废水			二氧化硫			烟尘		
	Column 1	Column 2	Column 3	Column 1	Column 2	Column 3	Column 1	Column 2	Column 3
C	−17.721 38	−8.197 793	−18.858 02	−1.913 710	−26.568 68	−35.603 64	24.241 47	−7.630 423	−25.981 61
	(−2.791 995)***	(−1.137 788)	(−2.205 069)***	(−0.335 322)	(−3.901 487)***	(−5.213 810)***	(2.165 191)***	(−0.582 671)	(−2.195 029)***
ln$X$	4.207 274	5.722 233	7.075 806	2.075 774	3.453 567	4.648 258	−3.379 341	3.670 778	5.178 137
	(3.295 298)***	(3.811 401)***	(4.751 639)***	(1.794 509)*	(2.045 562)***	(2.822 956)***	(−1.521 895)	(1.577 332)	(2.344 911)***
$\ln^2 X$	−0.209 092	−0.275 054	−0.338 655	−0.137 708	−0.182 748	−0.240 252	0.132 983	−0.175 155	−0.244 295
	(−3.256 354)***	(−3.771 948)***	(−4.652 344)***	(−2.354 017)**	(−2.123 908)***	(−2.847 316)***	(1.208 001)	(−1.557 391)	(−2.264 542)***
ln$R$		−0.457 111			−0.324 891			−1.138 597	
		(−3.541 056)***			(−3.107 551)***			(−5.501 441)***	
lnR_{dit}			−0.508 270			−0.443 298			−1.060 329
			(−5.093 723)***			(−4.874 387)***			(−7.587 924)***
lnR_{hit}			0.003 311			−0.038 534			0.049 072
			(0.075 875)			(−1.214 776)			(2.209 061)***
lnR_{fit}			0.001 414			0.089 959			−0.139 740
			(0.022 756)			(1.647 149)			(−2.443 593)***
ln$P$		−4.298 753	−3.324 764		4.631 535	5.482 827		−0.559 441	2.101 375
		(−4.414 460)***	(−2.918 283)***		(4.678 918)***	(5.311 409)***		(−0.319 201)	(1.228 661)
$A-R^2$	0.985 848	0.988 339	0.990 190	0.986 990	0.982 702	0.980 828	0.942 688	0.927 791	0.931 049
F	400.211 0	452.011 3	502.317 3	435.758 0	303.315 6	255.087 1	95.261 89	69.373 62	68.065 65
TP	23 407.695 56	32 925.984 32	34 438.274 67		12 695.300 06	15 894.261 87			40 059.581 84
Obs.	150	150	150	150	150	150	150	150	150

注：括弧内为 t 统计量值；TP 为以 2005 年为基期的人均 GDP(元/人)，空白处表示未考虑此变量

*、**、*** 分别表示在 10%、5%、1%水平上显著

化硫排放量降低 0.32%，在不同来源投资对环境污染的影响上，国内企业的影响是负向的，而三资企业和外资企业对工业废水排放量的影响不显著。城市规模越大，则人均工业二氧化硫排放量越大，二者为正向关系。

对于工业烟尘排放量，与经济增长之间的二次项关系不如上述两个污染排放指标明显，但是在考虑各种投资及城市规模的条件下，存在显著的环境库兹涅茨倒 U 形曲线关系，其拐点在 40 059.58 元处，2010 年仅有 7 个城市，即苏州市、无锡市、上海市、杭州市、宁波市、常州市、舟山市通过该拐点，长江三角洲的烟尘污染的趋势不容乐观。工业化程度对人均烟尘排放量有反向的影响，且影响幅度较大，工业总产值占城市 GDP 总值的比重每增加 1%，人均二氧化硫排放量降低 1.14%，在不同来源投资对环境污染的影响上，国内企业与外资企业的影响是负向的，且国内企业影响幅度较大，国内企业工业总产值占城市 GDP 总值的比重每增加 1%，人均二氧化硫排放量降低 1.06%，外资企业工业总产值占城市 GDP 总值的比重每增加 1%，人均二氧化硫排放量降低 0.14%，而三资企业的影响是正向的。城市规模对工业烟尘排放量的影响则是不显著的。

4 结论与建议

本文采用长江三角洲 2005～2010 年 25 个地级及以上城市的样本，选取了工业废水排放量、二氧化硫排放量、烟尘排放量指标，从投资结构和城市规模的角度，分析了长三角经济发展与环境效应的关系。结果表明，污染物排放指标与人均 GDP 之间基本满足 EKC 假定，即当经济增长到一定程度后，经济发展会逐步降低其环境代价，这有赖于中央和地方政府把环境保护放在更加突出的战略位置，将主要污染物排放总量显著减少作为经济社会发展的约束性指标，同时浙江省、江苏省和上海市以产业结构调整与升级为契机，统筹联动，打造长江三角洲城市群和经济圈，并在环境治理方面协调合作，改善和优化了长江三角洲经济发展与生态环境的关系。但浙西南与苏北的很多城市仍处于拐点左侧，环境污染仍然呈现出递增的趋势。因此，必须清醒地认识到经济增长与环境改善的良性循环并不会自动实现，仍需加快经济增长方式的转变，加强环境政策规制力度。

就工业化水平与环境污染的关系，长江三角洲的城市的工业化进程已与环境形成良性关系。近年来，长江三角洲各城市基于产业结构调整与升级，淘汰污染严重、产值较低的产业，如皮革、化纤，转向环境更为友好、增加值更高的产业，使得在工业总产值增加的前提下，污染物排放得到控制。而就不同的投资对环境的影响来说，国外直接投资对废水、二氧化硫的排放不存在显著影响，对烟尘排放量是积极的影响，因此，外商直接投资对长江三角洲不存在"污染避难所"效应。国内企业对污染物排放均为负向的影响，这与长江三角洲国内投资企业尤其是私营企业由于规模、技术、意识的限制，是造成环境污染的主要原因的观点相悖，当然，由于近几年国家出台了大量的环境保护政策，长江三角洲各级政府亦加强环境保护力度，包括关停不符合环境要求的中小企业，强制其进行技术改造等，引导产业转型升级，从而改变了以中小企业为主的私营企业对环境质量的影响。但是三资企业对烟尘排放量仍然有正向的影响。因此，长三角各级政府在进一步改变经济发展模式的同时，仍应重视鼓励和规范国内、国际投资更合理、更有效地流入环境友好的产业与部门。

对于城市规模而言，与工业废水排放呈反向关系，即规模越小的城市，人均废水排放量越大，水污染问题越严重，这与长江三角洲 30 多年中小企业发展空间特征与产业特点是吻合的。一般而言，大城市拥有更健全的污染处理系统、更完善的环境保护体系及更严格的环境执法环境，对于水污染影响较为严重的中小企业绝大部分位于地级及以下城市，小城市的环境处理能力低与废水排放量大形成尖锐的矛盾，优化长三角城市群层级结构，在以大城市为中心城市建设的基础上，将重点更加偏向中小城市，加大环境基础设施建设，加强基层环境执法力度，促进中小城市的产业转型，是保证长江三角洲城市群实现可持续发展的重要任务。

参考文献

[1] Shafik N. Economic development and environmental quality：an econometric analysis. Oxford Economic Papers，1994，46（Supplement）：757-773.

[2] Selden T M，Song D. Environmental quality and development：is there a Kuznets curve for airpollution. Journal of Environmental Economics and Management，1994，27（2）：147-162.

[3] Grossman G M，Krueger A B. Economic growth and the environment. Quarterly Journal of Economics，1995，110（2）：353-377.

[4] Galeottia M，Lanza A. Desperately seeking environmental Kuznets. Environmental Modelling & Software，2005，20：1379-1388.

[5] Holtz E D，SeldenT M. Stoking the fires CO_2 emissions and economic growth. Journal of Public Economics，1995，57：85-101.

[6] Friedl B, Getzner M. Determinants of CO_2 emissions in a small open economy. Journal of Ecological Economics, 2003, 45: 133-148.

[7] Stern D I, Common M S. Is there an environmental Kuznets curve for sulphur. Journal of Environmental Economics and Management, 2001, 41 (2): 162-178.

[8] Harbaugh W T, Levinson A, Wilson D M. Reexamining the empirical evidence for an environmental Kuznets curve. Review of Economics and Statistics, 2002, 84 (3): 541-551.

[9] Richmond A K, Kaufmann R K . Is there a turning point in the relationship between income and energy use and/or carbon emissions. Ecological Economics, 2006, 5: 176-189.

[10] 刘荣茂，张莉侠，孟令杰．经济增长与环境质量：来自中国省际面板数据的证据．经济地理，2006，26 (3)：374-377.

[11] 王立平，管杰，张纪东．中国环境污染与经济增长：基于空间动态面板数据模型的实证分析．地理科学，2010，30 (6)：818-825.

[12] 袁正，马红．环境拐点与环境治理因素：跨国截面数据的考察．中国软科学，2011，(4)：184-192.

[13] 马树才，李国柱．中国经济增长与环境污染关系的 Kuznets 曲线．统计研究，2006 (8)：37-40.

[14] 曹光辉，汪锋，张宗益，等. 我国经济增长与环境污染关系研究．中国人口·资源与环境，2006，16 (1) ：25-29.

[15] 宋涛，郑挺国，佟连军，等．基于面板数据模型的中国省区环境分析．中国软科学，2006，(10)：121-172.

[16] Eskeland G S, Harrison A E. Moving to Greener Pastures? Multinationals and the pollution haven hypothesis. Journal of Development Economics, 2003, 70: 1-23.

[17] Cole M A, Elliott R J R. FDI and the capital intensity of "Dirty" sectors: a missing piece of the pollution haven puzzle. Review of Development Economics, 2005, 9 (4): 530-548.

[18] Cole M A, Elliott R J R, Strobl E. The environmental performance of firms: the role of foreign ownership, training and experience. Ecological Economics, 2008, 68: 538-546.

[19] He J. Pollution haven hypothesis and environmental impacts of foreign direct investment: the case of industrial emission of sulphur dioxide (SO_2) in Chinese provinces. Ecological Economics, 2006, 60: 228-245.

[20] 陈凌佳．FDI 环境效应的新检验——基于中国 112 座重点城市的面板数据研究．世界经济研究，2008，(9)：54-59.

[21] Zeng K, Eastin J. International economic integration and environmental protection: the case of China. International Studies Quarterly, 2007, 51 (4): 971-995.

[22] Cole M A R, Elliott J R, Zhang J. Growth, foreign direct investment, and the environment: evidence from Chinese cities. Journal of Regional Science, 2011, 51 (1): 121-138.

[23] Munasinghe M. Making economic growth more sustainable. Ecological Economics, 1995, 15: 121-124.

[24] Panayotou T. Demystifying environmental Kuznets curve: turning a black box into a policy tool. Environmental and Development Economics, 1997, (2): 465-484.
[25] 李永友，沈坤荣. 我国污染控制政策的减排效果——基于省际工业污染数据的实证分析. 管理世界，2008，(7)：7-17.

政策研究
Policy Rearch

环境政策的经济学分析方法及应用
——焦炭行业环境税的减排效果和经济影响分析

□《我国环境经济政策总体设计与示范研究》方法论课题组①
（环保部环境与经济政策研究中心；国家信息中心）

摘要：可计算一般均衡模型（CGE）是经济影响评估模型中应用最广泛的工具之一。我国利用 CGE 模型开展政策研究的历史较短，规模较小，对中国的特殊情况考虑不足，导致研究的政策指导性较差。因此，建立一套充分考虑中国国情并对相应环保问题有深入认识的模型工具，有利于得出更加科学可行的政策建议。本项目以建立 CGE 模型分析我国焦炭行业污染物排放控制政策为案例，探讨应该如何利用 CGE 模型进行环保政策研究和分析，如何建立环境模块等。

关键字：可计算一般均衡　模型环境经济政策　环境税　污染物减排　经济影响

Appropriate Methodologies for Environmental Trends and Policy——making-CGE-based Analysis of Environmenta Taxation Effects and Effectiveness on China's Coke

Task Group of Methodologies, "China's Environmental Economic Policy Framework and Pilot Research"
(Policy Research Center for Environment and Economy of MEP; State Information Center)

Abstract: As there is increasing application of economic influence evaluation

① 安祺，通信地址：北京市朝阳区育慧南路 1 号；邮编：100029；邮箱：an.chi@prcee.org。

model to environmental policy making, the Computable General Equilibrium (CGE) Model is one of the internationally acknowledged and most widely used models. The history of applying CGE to domestic policy study is not long, and most of the cases have more academic value than actual support for policy making as they are not on large scales and lack understanding about the unique characteristics of China. Therefore, to build and use a set of concrete models fully based on China's situations and specific environmental issues for corresponding policy studies is more likely to form scientific and feasible policy suggestions. This project takes domestic coke industry as an example, analyzing the pollutant discharge control of the industry by building the CGE model, in order to discuss how to make use of this model in Environmental policy studies including the methods of building environmental module and of conducting the policy analysis.

Key words: Computable general equilibrium model environmental economic policy Environmental taxation Pollutant discharge reduction Economic influence

1 研究思路

应用 CGE 模型分析焦炭行业污染物排放控制政策，大致遵循如下四个步骤：首先，需要对焦炭行业进行调研，了解焦炭的生产过程、污染物的产生机理，获取必要的数据；其次，拓展现有 CGE 模型，开发相应环境模块，使得 CGE 模型具备分析焦炭行业污染控制政策的能力；再次，开展相应的政策模拟，根据结果检验模型设置是否得当，对相应数据、模型参数进行相应调整；最后，开展情景分析，寻找政策建议。

2 焦炭行业情况调研

2.1 焦炭行业发展现状

改革开放的 30 多年来，尤其是进入 21 世纪以来，我国焦化行业有了巨大发展，已基本形成世界最完整的独具中国特色的焦化工业体系，在规模、产量、技术、管理等诸方面都已成为世界第一位的焦炭大国，为中国国民经济持续高速度，尤其是为钢铁、化工、有色冶炼、机械制造等行业的发展作出了巨大贡献；为城市燃料清洁化及精细化工、染料、医药、橡胶等相关产业的发展提供了丰富的物质基础。焦化产业的焦炭及关联化工产品在国民经济各领域发挥着十分重要的不可替代的作用。我国焦炭产品主要用于钢铁冶炼。2010 年有 87.5%的焦炭用于钢铁冶炼，另外有 5.2%用于化工行业，水泥、有色金属冶炼和机器设备制造业也分别使用了 1.1%、1.8%和 2%。

我国近年焦炭总产量持续增加，2010 年产量已经达到 3.88 亿吨。其中，用于冶金的焦炭数量约 3.68 亿吨，约占总产量的 95%。此外，供机械制造行业的铸造用焦约 600 万吨；半焦（兰炭）产量约 1400 万吨。除了焦炭产品之外，焦炭行业还会生产少量煤气及化工产品，如苯、煤焦油、硫铵等（图 1）。

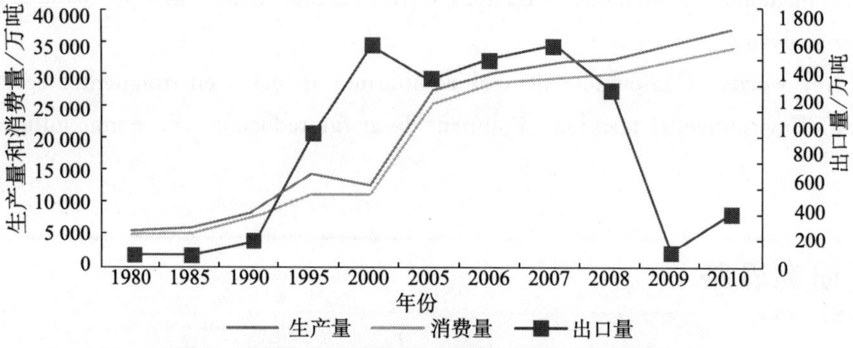

图 1　中国焦炭生产和消费情况（1980～2010 年）

Fig. 1　The production and consumption of Chinese coke

资料来源：《能源统计年鉴》

2.2　焦炭行业的主要生产工艺流程概述

根据对焦炭企业开展的调研活动，我们初步了解了焦炭行业的生产工艺过程，大致分为 12 个工艺环节，如图 2 所示。

2.3　现有焦炭行业的污染物排放

焦化行业炼焦炉工艺一般分为三种：即顶装工艺、捣固工艺及清洁热回收工艺。其中，顶装工艺的炼焦炉炉型最多，污染物排放水平也存在较大差异。根据国家相关政策（逐步淘汰落后、污染严重的 4.3 米以下焦炉，鼓励焦炉大型化趋势）和不同炭化室高度炉型的污染物产排量的特点，可将顶装炼焦炉按照规模分为炭化室高度＜4.3 米顶装焦炉、4.3～6 米顶装焦炉（包括 4.3 米）及炭化室高度≥6 米焦炉三类。此外，钢铁焦化联合企业目前越来越多地采用捣

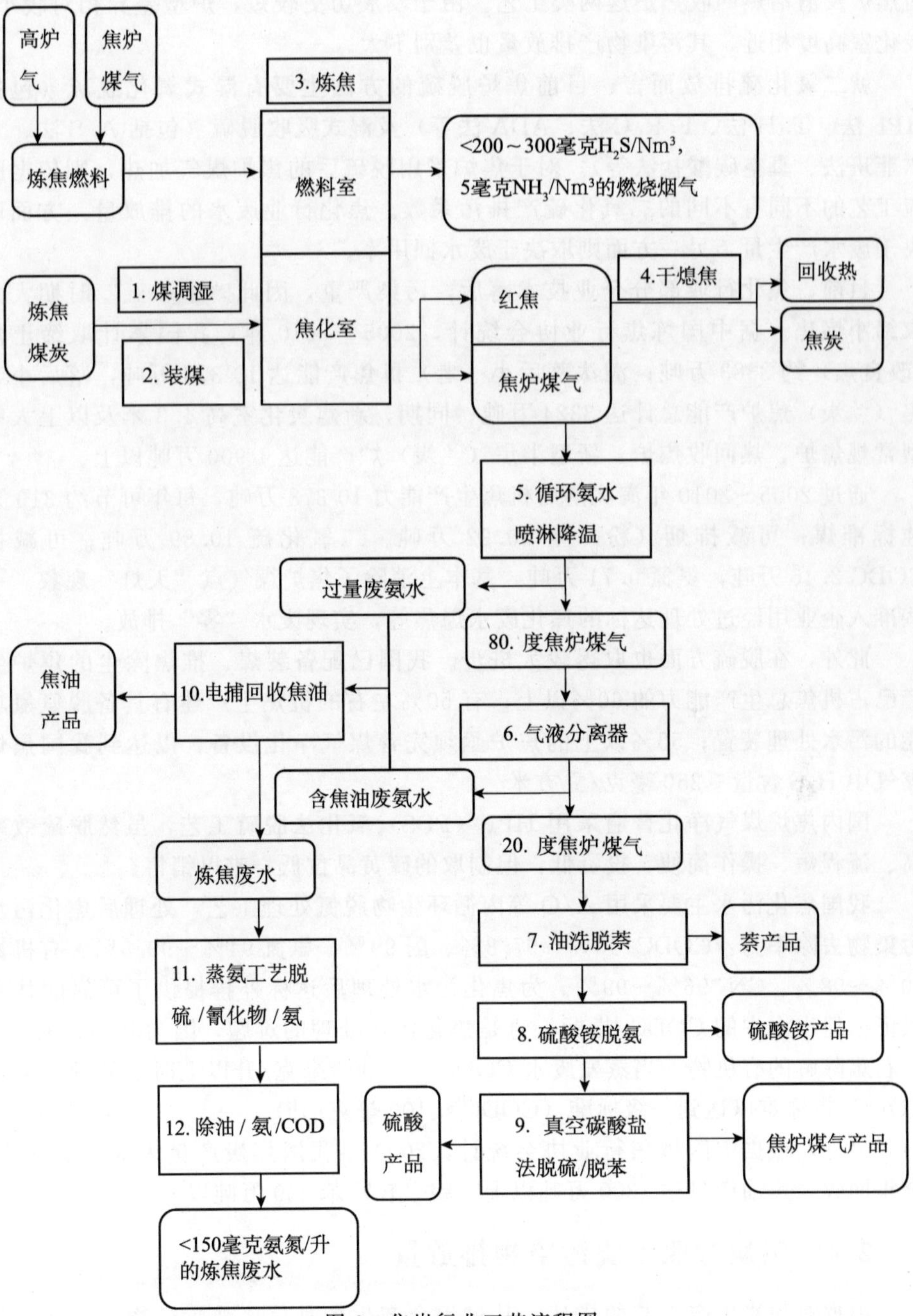

图 2　焦炭行业工艺流程图

Fig. 2　Process flow diagram of coke industry

固焦炉及清洁热回收焦炉这两类工艺。由于发展历史较短，炉型差异相对较小，炭化室高度相近，其污染物产排放量也差别不大。

就二氧化硫排放而言，目前焦炉脱硫的方法主要有湿式氧化脱硫（包括HPF法、T.H法、F.R.C法、ADA法等）及湿式吸收脱硫（包括A.S法、索尔菲班法、真空碳酸盐法等）。对于焦炉采用脱硫后的焦炉煤气加热，则依据脱硫工艺的不同有不同的二氧化硫产排污系数。焦化行业废水的排放量一方面取决于废水产生量，另一方面则取决于废水回用率。

目前，焦化行业部分企业技术落后，污染严重，因此“十一五”时期大力取缔小炼焦。据中国炼焦行业协会统计，2005～2010年，我国累计取缔土焦（改良焦）约3383万吨；淘汰落后小（老）机焦产能达10 378万吨，落后小半焦（兰炭）焦炉产能总计达3324万吨；同期，新建炭化室高4.3米及以上大中型常规焦炉、热回收焦炉、新型半焦（兰炭）炉产能达1 900万吨以上。

通过2005～2010年淘汰落后机焦生产能力10 378万吨，每年可节约310万吨标准煤；可减排烟（粉）尘30.22万吨、二氧化硫10.89万吨；可减排$CODC_r$2.46万吨，氨氮0.71万吨，基本上消除了焦炉煤气点“天灯”现象。一些准入企业用经过处理达标的焦化废水熄焦等，实现废水“零”排放。

此外，在脱硫方面也取得较大进步。我国已配备装煤、推焦除尘的焦炉生产已占机焦总生产能力的60%以上；有50%左右的机焦生产建有具备脱氨氮功能的污水处理装置；50%以上的焦炉亟须完善煤气净化设备，以达到我国焦炉煤气中H_2S含量≤250毫克/立方米。

国内焦炉煤气净化普遍采用HPF（PDS）氧化法脱硫工艺，虽然脱硫效率高、流程短、操作简便、投资低，但制取的硫黄品位低，难以销售。

我国焦化污水主要采用A/O等内循环生物脱氮处理工艺，处理后焦化污水污染物去除率为：$CODC_r$ 90%～97.8%、酚99%、氨氮94%～99.5%、有机氮90%～98%、CN^- 96%～99%。为焦化污水处理后达标外排提供了可靠的技术保证。但出水中的$CODC_r$指标一直是焦化污水处理的难题，因为其中含有6%左右难降解的有机物，当蒸氨废水$CODC_r$为3000毫克/升以上时，处理后废水$CODC_r$指标难以达到一级标准（$CODC_r$≤100毫克/升）。

另外，根据中国炼焦行业协会统计，2009年我国焦炭产量为3 550万吨，全年回收煤焦油产量达1300万吨以上、粗（轻）苯350万吨以上。

2.4 焦炭行业主要污染物排放量

根据对焦炭生产工艺的描述，其过程会产生各种气、液污染物，包括二氧化硫、氮氧化物、粉尘、氰化物、挥发酚等气体污染物及工业废水，本文选取具有代表性的二氧化硫和工业废水排放量进行研究。从《中国环境统计年鉴》

中，可采集到相应的二氧化硫和工业废水的实际排放数据。

2.5 合理焦炭环境税的制定

合理的焦炭环境税税率的制定有两个方面的依据，一是我国早前关于二氧化硫环境税的研究，二是我国近年来二氧化硫排放交易的数据。

首先，很早以前我国一些学者就开展了二氧化硫环境税的研究，王金南等[1]根据大气污染治理的联合削减费用函数得出了不同削减率下二氧化硫平均边际处理费用，同时根据调查得出我国工艺过程和小型燃煤设备二氧化硫的削减率在80%左右，此时的二氧化硫平均处理费用为800元/吨。大型燃煤电厂二氧化硫的平均削减成本为760元/吨。考虑到统一税率的作用，建议我国二氧化硫税率确定为800元/吨（1998年）。武亚军和宣晓伟[2]指出，为了使煤炭向清洁能源转化，存在一个最优二氧化硫减排率，通过CEG模型的推导，指出这一最优减排率在10%和15%之间，进一步得出此时的二氧化硫税率应介于400元/吨和660元/吨之间。由于这些研究较早，所以用此数据可能会低估当前的二氧化硫税率水平。

其次，近年来排污权交易在全国范围内逐步展开。2001年5月，江苏南通成功进行了我国首例SO_2排污权交易。2002年3月，山东、山西、江苏、河南、上海、天津、柳州等7省市，开展了SO_2排污权交易试点工作，并完成多项排污权交易案例。2007年11月，国内首个排污权交易平台浙江省嘉兴市排污权储备交易中心揭牌成立。至今，中国已有很多二氧化硫排放交易的案例，其中二氧化硫排污权交易参与企业主要为电厂。据测算，目前燃煤电厂脱硫投资成本为每吨5000～6000元。要使电厂有动机在市场机制下减排，排污权价格至少应为每吨5000元。但现实情况是，大部分排污权交易成交价格波动较大。但是将各个案例的平均交易价格计算出来，大概是每吨4000元。由于排放权交易价格受减排目标和行政影响较大，因此以此数据来衡量焦炭环境税会偏高。

通过以上两个方面数据的支持分析，我们大致判断，焦炭环境税应该结余1000～4000元，平均应该在2000元左右较为合理。

3 用于焦炭行业控制污染政策研究的CGE模型开发

3.1 核心模型

本项目基于国家信息中心的SICGE核心模型开展研究。SICGE核心模型是国家信息中心与澳大利亚莫纳什大学联合开发的中国国家 CGE 模型，能够对我国到 2020 年的经济社会发展走势进行预测与模拟。本项目在 SICGE 核心模型的基础上，针对我国焦炭行业的运行特点、污染物排放的工艺过程进行模拟刻画、构建环境模块、再开展政策模拟。

3.2 环境模块的构建

3.2.1 构建思路

基于对焦炭行业的调研，根据焦炭生产工艺流程及污染物排放和处理工艺的特点，拟将焦炭生产过程分成两个环节：第一个环节是炼焦过程，这个过程的产出包含焦炭及荒煤气。目前来看，这两个产出的比例关系相对固定。第二个环节是焦化过程，这个过程以荒煤气为原料投入，产出化工产品，未能转换成化工产品的将作为污染物排放。

目前 SIC-GE 模型中，焦炭生产只有一个行业部门，不能模拟环境税的两个效应。为此，需要在原有 SIC-GE 模型的基础上构建新的模块。具体做法如下：首先将焦炭行业拆分成炼焦和焦化两个部门；其次，根据总量平衡关系，给出焦化部门产出的污染物计算公式；最后，在模型中引入环境税变量，将税收影响反馈到生产环节。

3.2.2 部门拆分

目前，国家公布的投入产出表中关于焦炭生产的只有一个部门。该部门产品作为其他行业的中间投入及最终使用时，有些是作为焦炭产品，如投入到钢铁行业；有些是作为焦化产品，如化工行业等。这些差异需要在部门拆分过程中体现出来。

3.2.3 污染物排放核算模块

现实中，对气体污染物和液体污染物减排的方法不同，因此在模型中采用的机理也不同。

对于气体污染物，如二氧化硫，存在于荒煤气中。如果荒煤气直接燃烧，二氧化硫将随之排出，如果延伸焦化产业链，如生产甲醇等，或者采用脱硫工艺生产硫黄，则会大幅减少二氧化硫排放。据此，在模型中对于气体污染物的产生机理设置如下：我们将排放分为三类，一是最大排放量，指的是在目前生产过程中不增加新的减排政策下，可产生的最大二氧化硫排放量。二是可处理排放，指的是由于采取减排政策，原来可能被排放的污染物进一步进入后污染处理流程，在减少污染的同时，还产出部分化工产品。三是剩余污染物排放。三者之间的关系是：

$$剩余污染物排放=最大排放量-可处理排放 \tag{1}$$

3.2.4 环境税模块

本研究针对焦炭生产过程中产生的污染物也设置了相应的环境税变量。目前只考虑了二氧化硫和废水排放征收环境税。假设这些税征收在焦化工艺产生的相应污染物排放上，但是却会导致炼焦工艺的生产税提高。因此，针对污染物征收环境税后，一方面炼焦工艺的生产税相应增加，生产成本增加导致焦炭生产受到负面影响，焦炭和荒煤气两种产品的产量都受到负面影响，其中，荒煤气产量受到的负面影响会传导到焦化产品上，同时也会传导到焦化工艺产生的污染物排放上。另一方面，为进一步减少污染物排放，焦化工艺生产又受到正面影响，导致焦化产品产出增加。因此，最终结果上，针对二氧化硫和废水征收环境税后，污染物排放受到的影响是两个影响的叠加：一个是炼焦过程受到抑制导致荒煤气产量受到负面冲击的影响；另一个是焦化产品增加带来的污染物排放量的进一步减少。同时，焦化产品受到的影响则是两个因素影响的平衡：一个是荒煤气产量受到负面冲击的影响；另一个是为减少污染物排放而增加焦化工艺产品的正向影响。

3.3 基准情景设置

基准情景的设置主要包括以下三部分工作：①根据经济发展趋势设置宏观经济变量，保证模型的结果符合经济发展规律；②尽可能地把行业发展的特殊性纳入模型，保证模型在行业结构等细节方面符合现实经济；③把尽量多的现实经济数据纳入模型，校核技术进步参数、偏好调整参数等。

3.3.1 宏观经济变量设置

本文并不详述如何设置宏观经济变量，只介绍设置后的结果。CGE 基准情景中的宏观经济变量设置主要包括四部分：支出法 GDP 及各分项需求；宏观产业结构；人口、劳动力、土地等生产要素供应总量；国民收入初次分配结构。

3.3.1.1 支出法 GDP 及各分项

我们通过设置 GDP 及支出法 GDP 各组成分项来确定基准情景的经济走势。

表1的结果是2003～2020年的GDP、居民消费、政府消费、固定资本形成、出口和进口的不变价的增速。其中，2003～2009年的增速根据《中国2010年统计年鉴》公布的数据设置。2010年之后的数据根据国家信息中心的预测结果设置，其中，2011～2015年假设每年的GDP增速为9%，2016～2020年年均增速在8%。根据我国在“十二五”时期的发展规划，三大需求结构逐渐优化调整，其中，居民消费的增速会赶上并逐渐超过GDP增速；由于我国仍然处于城市化、工业化快速发展期，固定资本形成仍然保持较高增速；而外贸结构将出现较剧烈的调整，进口增速会持续高于出口增速，令净出口在支出法GDP中的比重逐渐下降（表1）。

表1 支出法GDP各分项的增速历史数据及未来预测

Tab. 1 Reviewing and anticipating speed of increase of GDP and other economic indicators by expenditure approach

（单位：%）

	2003年	2004年	2005年	2006年	2007年	2008年	2009年
GDP	10.1	10.1	11.3	12.7	14.2	9.5	8.7
居民消费	6.1	7.1	5.6	8.7	10.6	8.8	9.1
政府消费	4.4	5.6	11.6	11.2	11.7	9.4	5.8
固定资本形成	15.6	11.6	11.1	12.6	13.9	10.6	21.0
出口	25.5	27.1	21.4	21.1	19.8	8.4	−1.8
进口	28.0	27.5	15.8	18.2	15.8	7.7	8.8
	2010年	**2011年**	**2012年**	**2013年**	**2014年**	**2015年**	**2016～2020年**
GDP	9.2	9.0	9.0	9.0	9.0	9.0	8.0
居民消费	9.2	9.0	9.0	9.4	9.7	10.3	9.4
政府消费	7.2	6.6	6.7	8.6	9.0	9.5	7.6
固定资本形成	9.9	9.3	9.3	9.6	9.9	10.6	9.0
出口	8.8	13.2	13.5	12.0	12.2	12.0	9.0
进口	8.5	15.8	16.6	16.0	17.3	19.3	12.8

3.3.1.2 焦炭行业的设置

本研究重点分析焦炭行业，尤其是焦炭生产过程的污染物排放，因此需要使用历史时期的焦炭产量来校核模型，同时也要对未来的焦炭产量进行科学预测（2002～2010年）。

考虑到我国焦炭有90%左右都用于钢铁冶炼，如果知道钢铁产量和单位钢材的焦炭消耗量，就能够有效预测我国未来的焦炭需求量。为此我们还整理了我国钢铁产量的历史变化率。

目前，关于未来焦炭产量增长的预测研究不多，但是能够找到关于钢铁产量的预测，本研究汇总使用已有研究成果的钢铁产量预测结果。

由此得到我国 2011～2020 年焦炭产量的预测结果，以及污染物排放量的基准预测情景（表 2）。

表 2　2011～2020 年产品产量及污染物排放量的增长率

Tab. 2　Speed of increase of coke products and pollutant discharge in 2011 to 2020

（单位：%）

		2011～2015 年	2016～2020 年
焦炭		7	6.5
潜在排放量	二氧化硫	9	8.5
	废水	9	8.5
实际排放量	二氧化硫	15	10
	废水	10	9

4　针对环境税政策开展的情景研究及结果

4.1　环境税政策情景设定

我们采用改进的 CGE 模型，模拟分析对焦炭行业的二氧化硫征收环境税的减排潜力及其经济影响。根据调研，目前我国二氧化硫交易价格约为 2000 元/吨二氧化硫，意味着每吨二氧化硫的理想税率在 2000 元/吨左右。

第一组政策评估方案：分别对焦炭行业征收环境税（2000 元/吨二氧化硫）的经济影响。在基准方案的基础上，假设我国在 2011 年分别对我国焦炭行业的二氧化硫排放征收环境税，强度为每吨二氧化硫排放征收 2000 元。分别考察这两种情景（S1 和 S2）下，环境税对宏观经济和各个部门（尤其是焦炭行业及其相关产业）的影响。

第二组政策评估方案：不同模型机制下，征收环境税的经济影响比较。本文为有效评估焦炭行业征收环境税的影响，将焦炭行业按照工艺流程分为两块，并对焦化工艺延伸与污染物排放的可转化机制进行了刻画。依靠这种专门的模型机制设计，针对焦炭行业征收环境税的情况，模型能够模拟出延伸焦化产业链，增加化工产品，减少污染物排放的效果。为比较该机制的效果，我们还使用原有 CGE 模型按照传统方式进行了模拟。原有 CGE 模型中，只有一个焦炭部门，并未区分焦炭行业的炼焦与焦化工艺，行业产出品也不区分化工产品和焦炭。设计政策情景（S3），在传统机制下，按照每吨二氧化硫征收 2000 元的环境税，并与 S1 的结果进行比较。

4.2 第一组政策评估方案的环境税政策模拟结果分析

4.2.1 征收二氧化硫环境税对焦炭部门的影响分析

征收二氧化硫环境税后，焦炭行业生产活动总体上受到抑制，但是在行业内部出现明显分化。作为主导产品，焦炭的生产受到抑制，而延伸的焦化工艺的产品产出则呈现正增长。如表3所示，与基准方案相比，2011年，炼焦工艺产生的焦炭下降0.27%，荒煤气产量略增长0.13%，而焦化工艺产生的化工产品的产量明显上升约1.11%。此后随着焦化工艺产能的扩大，化工产品产量呈现明显增长态势，从而减少二氧化硫和废水排放。该结果在一定程度上贴近现实情况。

表3 相对于基准方案，环境税对焦炭及相关部门产量的影响

Tab. 3 Influence of environmental tax on the output of coke production and relevant sectors compared with the reference scheme

(单位:%)

项目	2011年	2012年	2013年	2014年	2015年	2020年
焦炭	−0.27	−0.41	−0.51	−0.60	−0.66	−0.81
荒煤气	0.13	0.18	0.21	0.24	0.26	0.26
焦化产品	1.11	1.44	1.71	1.96	2.16	2.26

资料来源：模型模拟结果

焦炭产量的下降，主要来自国内钢铁业需求的下降，另外也因为价格上升，导致出口下降。如表4所示，2011年出口下降了1.44%，此后降幅逐渐扩大。

表4 相对于基准方案，环境税对焦炭产品出口的影响

Tab. 4 Influence of environmental tax on the export of coke products compared with the reference scheme

(单位:%)

项目	2011年	2012年	2013年	2014年	2015年	2020年
出口	−1.44	−2.30	−2.95	−3.49	−3.84	−4.05
焦炭价格	0.40	0.64	0.83	0.98	1.07	1.15

资料来源：模型模拟结果

为体现所征收的环境税对焦炭行业的两个工艺的产出产生明显的差异化影响。模型设置上假设炼焦行业能够在一定范围内调整焦炭和荒煤气的产生比例，当需要的荒煤气增加时，焦炭产量略有下降，即随着焦炭行业对荒煤气的利用逐渐延伸，荒煤气能够对焦炭产品有一定的替代性。

4.2.2 焦炭行业减排效果及分析

计算表明，对焦炭行业排放的二氧化硫，按每吨2000元征收环境税，具有较好的减排效果。从表 5 可以看出，2011 年征收环境税以后，焦炭行业的二氧化硫排放将会相对基准情景下降 3.8%。对该结果可作如下解释。

表 5 相对于基准方案，征收二氧化硫环境税的污染物减排效果

Tab. 5 Influence of the SO_2 tax on pollutant discharge compared with the reference scheme

项目		2011 年	2012 年	2013 年	2014 年	2015 年	2020 年
焦炭二氧化硫排放	基准方案/万吨	73.1	84.0	96.6	111.1	127.8	205.8
	S1 方案相对基准方案的变化/%	−3.82	−4.48	−4.84	−4.93	−4.81	−3.69
焦炭污水排放	基准方案/万吨	77 026	84 729	93 201	102 522	112 774	173 517
	S1 方案相对基准方案的变化/%	−0.07	−0.12	−0.15	−0.18	−0.20	−0.27

根据公式 (1)，可得到二氧化硫排放量的变化主要取决于荒煤气产量的变化、焦化产品产量的变化。如表 3 所示，征收二氧化硫排放税后，企业开始延长焦化工业产业链，焦化产品的产出明显增长（1.11%），而荒煤气产量只略有增加（0.13%），考虑到目前荒煤气中只有少部分硫是以二氧化硫的形式排放出来的（20%），因此二氧化硫的排放量会明显减少［（0.13%−1.11%×0.8）/0.2= −3.79%］。

2011 年之后，减排效果呈现先逐步扩大，达到最大值（降幅达 4.93%）后又略有缩小（2020 年相对基准情景下降 3.69%）的特点。这主要是由于两方面原因：一方面，是经济学上的“回弹效应”。开始实施 2000 元/吨二氧化硫的环境税时，焦炭企业单位产出的二氧化硫较多，单位产出上分担的环境税赋较重，因此企业有较强的动力减少二氧化硫排放；随着减排效果的显现，单位产出的二氧化硫含量逐渐下降，同样的税率水平下，单位产出分担的税负有所下降，产出也有所恢复，从而使得减排幅度有所下降。另一方面，也来自基准情景假设。模型假设基准情景中“十三五”期间污染物排放的增速比“十二五”期间有所放缓，因此由于基数的原因导致政策情景下“十三五”期间污染物减排幅度会比“十二五”期间有所下降。

另外，由于焦炭行业产出的相对下降，焦炭污水排放也相对基准情景有所下降。2011 年污水排放相对基准情景下降 0.07%，2015 年降幅为 0.2%，2020 年为 0.27%。

4.2.3 总体经济影响

从表 6 可以看出，对焦炭行业征收环境税对于我国宏观经济有一定的负面

影响，但影响较小。在 2011 年，相对于基准方案，我国的实际 GDP 略减 0.004%，且负面影响随时间缓慢扩大。此外 2011 年投资略减 0.007%，出口略降 0.0016%，消费略降 0.001%，也都呈现负面影响随时间缓慢扩大的趋势。2011 年就业相比基准情景下降 0.0058%，但此后负面影响逐渐缩小，这主要是因为模型假设未来的实际工资会逐渐下降，对就业有正向刺激作用。

表 6　对焦炭征收二氧化硫环境税对宏观经济的影响

Tab. 6　Influence on the macro-economy by imposing the SO_2 tax on the coke industry

(单位:%)

项目	2011 年	2012 年	2013 年	2014 年	2015 年	2020 年
实际 GDP	−0.0040	−0.0046	−0.0050	−0.0054	−0.0056	−0.0017
私人消费	−0.0008	−0.0007	−0.0008	−0.0009	−0.0011	0.0018
政府消费	−0.0008	−0.0007	−0.0008	−0.0009	−0.0011	0.0019
投资	−0.0070	−0.0071	−0.0070	−0.0068	−0.0066	−0.0021
出口	−0.0016	−0.0032	−0.0041	−0.0046	−0.0048	−0.0001
进口	0.0015	0.0021	0.0025	0.0027	0.0029	0.0056
就业	−0.0058	−0.0049	−0.0041	−0.0034	−0.0029	0.0013

资料来源：模型模拟结果

4.2.4　对焦炭相关部门的影响

煤炭和钢铁部门分别是焦炭行业的上游和下游部门，对焦炭行业征收环境税必然影响到这些部门，从表 7 中可以看出，与基准方案相比，煤炭、生铁、粗钢和钢材部门的产量都会有所下降。其中，生铁产量下降最多，达到 0.063%，这主要是因为焦炭产量明显下降。

表 7　相对于基准方案，征收二氧化硫环境税对焦炭相关部门产量的影响

Tab. 7　Influence on the output of coke-related sectors by imposing the SO_2 tax compared with the reference scheme

(单位:%)

项目	2011 年	2012 年	2013 年	2014 年	2015 年	2020 年
煤炭开采	−0.017	−0.022	−0.025	−0.027	−0.028	−0.029
生铁冶炼	−0.063	−0.066	−0.067	−0.066	−0.066	−0.060
粗钢冶炼	−0.017	−0.018	−0.019	−0.020	−0.020	−0.014
钢材	−0.018	−0.019	−0.020	−0.021	−0.021	−0.015

资料来源：模型模拟结果

由于焦炭行业产量下降导致对煤炭需求的下降，煤炭的价格也有所下降。这导致煤炭的出口上升，进口下降。钢铁行业则由于需求不减而产量下降，而价格上升，出口下降，进口上升（表 8、表 9）。

表 8 相对于基准方案，征收二氧化硫环境税对焦炭相关部门出口的影响

Tab. 8 Influence on the export of coke-related sectors by imposing the SO_2 tax compared with the reference scheme

（单位：%）

项目	2011 年	2012 年	2013 年	2014 年	2015 年	2020 年
煤炭开采	0.10	0.12	0.13	0.14	0.15	0.16
生铁冶炼	−0.77	−0.75	−0.72	−0.69	−0.66	−0.58
粗钢冶炼	−0.35	−0.35	−0.33	−0.32	−0.30	−0.26
钢材	−0.13	−0.14	−0.15	−0.14	−0.14	−0.12

资料来源：模型模拟结果

表 9 相对于基准方案，征收二氧化硫环境税对焦炭相关部门进口的影响

Tab. 9 Influence on the import of coke-related sectors by imposing the SO_2 tax compared with the reference scheme

（单位：%）

项目	2011 年	2012 年	2013 年	2014 年	2015 年	2020 年
煤炭开采	−0.062	−0.073	−0.080	−0.086	−0.090	−0.094
生铁冶炼	0.32	0.31	0.30	0.28	0.27	0.24
粗钢冶炼	0.16	0.15	0.15	0.14	0.13	0.12
钢材	0.05	0.05	0.05	0.05	0.05	0.05

资料来源：模型模拟结果

4.3 第二组政策评估方案的政策结果比较分析

为检验模型机制设置对环境税的减排效果的影响差异，本文设计了政策情景 S3。假设二氧化硫污染物排放量直接与焦炭产出挂钩，考察 2000元/吨的二氧化硫排放税的影响。该机制与一般传统模型中测算二氧化硫污染物排放的机制相同。结果与 S1 比较如下。

4.3.1 焦炭行业受到的影响及减排效果比较

比较两种模型机制下二氧化硫的减排效果，如表 10 所示，根据企业减排二氧化硫的实际情况构建的模型机制，明显提高了减排效果。事实上，S1 情景的结果是包括 S3 情景中的结果的。因为 S1 的结果包含环境税带来的两种效应：第一个效应来自提高生产成本。由于成本提高导致价格上升从而抑制焦炭行业产出（表 11），产出下降自然会导致污染物排放量下降。S3 情景的结果实际上就主要体现这种效应。第二个效应来自企业采取的成本有效的减排措施。例如，焦炭行业通过延长荒煤气化工产业链，在消除二氧化硫排放的同时，还生产出更多的化工产品。结果表明，第二个效应是主要的。

表 10　两种模型机制模拟征收二氧化硫环境税的二氧化硫减排效果比较

Tab. 10　Comparison between the two modeling mechanisms of SO_2 emission reduction effect influenced by simulating the imposition of the SO_2 tax　（单位：%）

机制	2011 年	2012 年	2013 年	2014 年	2015 年	2020 年
S1	−3.82	−4.48	−4.84	−4.93	−4.81	−3.69
S3	−0.24	−0.30	−0.33	−0.36	−0.38	−0.44

注：表中结果是两种政策情景相对同一基准情景的变化幅度

表 11　两种模型机制模拟征收二氧化硫环境税对焦炭行业产出的政策影响比较

Tab. 11　Comparison between the two modeling mechanisms of the coke industry output influenced by simulating the imposition of the SO_2 tax　（单位：%）

机制	主要产品	2011 年	2012 年	2013 年	2014 年	2015 年	2020 年
S1	焦炭	−0.27	−0.41	−0.51	−0.60	−0.66	−0.81
	荒煤气	0.13	0.18	0.21	0.24	0.26	0.26
	焦化产品	1.11	1.44	1.71	1.96	2.16	2.26
S3	焦炭	−0.29	−0.43	−0.53	−0.61	−0.66	−0.81
	荒煤气	−0.20	−0.17	−0.14	−0.11	−0.10	−0.08
	焦化产品	−1.06	−0.84	−0.65	−0.47	−0.34	−0.29

4.3.2　宏观经济影响比较

两种机制设置对环境税的宏观经济影响差异较小，如表 12 所示。这表明，对焦炭行业减排机制的差异化设计在宏观层面上造成的差异很小。由于只在经济系统中的一个很小的局部进行调整，不会对整体经济产生较大影响。因此，表 12 的结果在一定程度上表明专门设计的减排机制是合理的。

表 12　两种模型机制模拟征收二氧化硫环境税对宏观经济受到的政策影响比较

Tab. 12　Comparison between the two modeling mechanisms of the macro-economy conditions influenced by simulating the imposition of the SO_2 tax　（单位：%）

机制	项目	2011 年	2012 年	2013 年	2014 年	2015 年	2020 年
S1	GDP	−0.0040	−0.0046	−0.0050	−0.0054	−0.0056	−0.0017
	居民消费	−0.0008	−0.0007	−0.0008	−0.0009	−0.0011	0.0018
	政府消费	−0.0008	−0.0007	−0.0008	−0.0009	−0.0011	0.0019
	投资	−0.0070	−0.0071	−0.0070	−0.0068	−0.0066	−0.0021
	出口	−0.0016	−0.0032	−0.0041	−0.0046	−0.0048	−0.0001
	进口	0.0015	0.0021	0.0025	0.0027	0.0029	0.0056
	就业	−0.0058	−0.0049	−0.0041	−0.0034	−0.0029	0.0013

续表

机制	项目	2011 年	2012 年	2013 年	2014 年	2015 年	2020 年
S3	GDP	−0.0033	−0.0039	−0.0043	−0.0046	−0.0049	−0.0013
	居民消费	−0.0002	−0.0001	−0.0001	−0.0002	−0.0003	0.0024
	政府消费	−0.0002	0.0000	−0.0001	−0.0002	−0.0003	0.0024
	投资	−0.0071	−0.0072	−0.0072	−0.0070	−0.0069	−0.0025
	出口	0.0005	−0.0011	−0.0020	−0.0025	−0.0027	0.0016
	进口	0.0024	0.0031	0.0035	0.0039	0.0041	0.0065
	就业	−0.0060	−0.0051	−0.0043	−0.0036	−0.0031	0.0010

5 利用 CGE 模型开展环境税政策研究的思路

利用 CGE 模型开展环境税政策研究的特点有如下五个。

第一，调研实际情况，了解污染物减排的机理，避免使用过于简单的假设。在本研究中，首先通过对焦炭企业专家和行业协会专家的调研，了解了焦炭生产的工艺流程、污染物产生环节、排放处理措施等。作为开展政策研究的第一步，需要首先对政策实施的对象有充分的了解。本研究中需要对煤炭投入量、焦炭产量、煤气产量、焦化产品产出情况进行了解；同时也要了解主流的生产工艺，包括顶装焦、捣固焦、独立焦化及钢铁焦化联合生产工艺等，了解不同工艺的优缺点，在污染物排放治理方面的特点等。随着研究的深入，对这些基本工艺的了解有利于我们理清研究思路，并为分析研究结果提供判据；同时也避免我们因为不了解情况而使用过于简单的假设，导致最终的研究结论出现谬误。

第二，根据实际情况调整模型设置，使模型在局部上更加贴近现实经济。基于调研情况，本文设计了 CGE 模型的开发思路。由于 CGE 模型是以整个经济系统为研究对象的模型工具，其优势是能够刻画经济系统内部各个行业、要素投入之间的联系，但其不足之处也主要体现在对局部细节描述不够。因此，为使 CGE 模型有效开展政策研究，需要在必要的细节问题上进行二次开发，以满足研究需求，避免使用过于简单的假设。同时，为使模型更加贴近现实经济，还需要多方面搜集数据。CGE 模型是建立在统计数据基础上的模型工具，只有数据可靠，才能够确保结果的可靠。在本文中，我们采用了环境统计年鉴的数据。但这是在应用其他方面的数据和专家咨询对其进行校核的基础上，发现没有出现较大误差的情况下，才最终采用。

第三，通过比较分析，判断模型设置是否合理。在对模型进行了改造之后，还需要通过与原始模型比较，以判断这些修改是否合理。本研究中，根据工艺对焦炭行业进行了拆分、对生产行为进行了细化，对污染物产生、控制过程进行了假设处理。由于这些假设是只在局部经济细节上进行的改动，应该具有“影响局部、无关大局”的特点，即对于所调整的细节有较大的影响，而对总体经济影响应该较小。为此，本文专门通过情景比较的方式进行验证，并最终证实了该特点，也表明对模型设置的调整具有合理性。

第四，注重对模型模拟结果的解释，增加模型结果的可信度。利用 CGE 模型能够得到一系列的研究结果。但考虑到 CGE 模型自身的复杂性，对于非模型开发者而言，往往被视做黑箱，其结果也难以令不懂模型的人信服。为此，在得到结果之后，需要提供较为简明的分析。这种分析包括构建简单的分析框架，抓住主要影响路径；同时利用经济理论将模型复杂的计算抽象成几个简单方程，进行估算，且估算结果与模型结果基本一致。

第五，开展更广泛的研究工作，以增强模型的应用范围。遵循模型工具的发展规律，往往是通过不断的应用，从中发现已有假设的不合理并进行改进，只有这样，才能够增加模型工具的分析能力，扩大应用范围，在政策研究中得到广泛的认可。

参考文献

[1] 王金南，杨金田，曹东，等．中国排污收费标准体系的改革设计．环境科学研究，1998，(5)：1-7.

[2] 武亚军，宣晓伟．环境税经济理论及对中国的应用分析．北京：经济科学出版社，2002.

中国环境污染责任保险的推进方式与模式研究①

□ 谢慧明② 沈满洪

（浙江理工大学经济管理学院、生态经济研究中心）

摘要： 在保险市场成熟的国家，环境污染责任保险存在强制、自愿和混合三种典型的模式。在中国，环境污染责任保险仍处于试点阶段，试点地区的推进方式主要包括风险评估方式、共同保险方式、政府补贴方式和基于第三方服务体系建设。基于国内外环境污染责任保险推进方式与模式的组合研究，若干"单一模式与多种方式"或"单一方式与多种模式"的组合为进一步推进中国环境污染责任保险的实践提供理论支撑，为各地区环境污染责任保险的试点提供新的思路。

关键词： 环境污染责任保险 推进方式 模式

Promotion Styles and Modes of Environmental Pollution Liability Insurance in China

Xie Huiming, Shen Manhong

Abstract: In the mature insurance market, the environmental pollution liability insurance is taken in three typical kinds of ways: compulsory, voluntary and mixed modes. In China, the insurance is taken by the risk assessment, the mutual insurance, the government subsidy or the participation of the third party. Combing the promotion styles and modes of environmental pollution liability

---

① 本文是浙江省环境保护厅2011年度招标项目"浙江省推进环境污染责任保险实施机制研究"的阶段性成果。

② 谢慧明，通信地址：杭州下沙高教园区2号大街5号浙江理工大学经济管理学院；邮政编码：310018；邮箱：xhmdyx@163.com。

insurance both home and abroad, more suitable modes are proposed for Chinese environmental pollution liability insurance and several "one style-several modes" or "several styles-one mode" combinations have meaningful hints for the Chinese pilots of environmental pollution liability insurance.

Key words: Environmental pollution　Liability insurance　Promotion style mode

1　引言

根据《国务院关于保险业改革发展的若干意见》（国发〔2006〕23号）的要求，国家环保总局和中国保险监督管理委员会于2007年12月4日联合印发《关于环境污染责任保险工作的指导意见》。五年来，环保部和保监会积极推动和指导地方开展环境污染责任保险试点，先后联合印发了氯碱、硫酸行业的企业环境风险等级划分指南，环保部则印发了《关于开展环境污染损害鉴定评估工作的若干意见》及《环境污染损害数额计算推荐方法》等。截至2011年年底，已有13个省（自治区、直辖市）开展了试点。在试点过程中，试点地区碰到了诸多问题，如环境污染责任保险的责任范围相对较窄，保险条款十分严苛；环境污染责任保险的保险费率个体差异显著，费率设计原则不清；过于强调通过自下而上的方式推进试点工作，缺乏全面统筹安排。然而，试点地区碰到的一个最为突出的问题是缺少对方式模式的探讨。因此，本文将基于环境污染责任保险的三种典型模式和国内已有环境污染责任保险的试点经验，尝试回答中国环境污染责任保险在试点地区的具体推进方式及其创新模式。

2　环境污染责任保险的典型模式

各国环境污染责任保险模式可以分成三种类型：强制环境污染责任保险模式、自愿环境污染责任保险模式和混合环境污染责任保险模式。

2.1　强制环境污染责任保险模式

强制环境污染责任保险是指政府规定被保险人被强制投保或被保险人在获

取赔偿时被附加一些强制性条款。一方面，强制投保往往是有条件的，比如在美国强制投保的责任范围一般仅限于突发性事故，偶然的和渐进的事故并不在强制投保范围之内。另一方面，附加的强制性条款是有限的，比如瑞典《环境保护法》规定受害者必须在通过侵权诉讼得不到赔偿时才能获得环境损害保险赔偿。由此可见，在强制性环境污染责任保险中，政府起到的作用十分关键。譬如，政府需要设立专门的承保机构承保环境污染责任保险，政府需要通过特定的立法授权环境保护执法部门对特定的保险标的或环境事件制定管制标准，政府同样需要明确有限的强制性附加条款。伴随着环境污染责任保险市场的发展，当环境污染责任保险的责任范围由单一的突发性事故拓展为偶然的或渐进的保险事故时，政府同样需要对偶然的或渐进的保险事故中的一些保险标的、责任范围、投保资格和赔偿条件进行明确。

2.2 自愿环境污染责任保险模式

在环境污染责任保险制度运行较为成熟的国家，环境污染责任保险的特定险种会被要求强制执行，而对于一些其他险种，投保人可以根据企业的经营状况或业务风险自愿投保。国家法律和政府机构一般无权强制企业投保于那些非强制性保险的险种。法国、英国和日本是典型的采用自愿环境污染责任保险制度的国家[1]。20 世纪 70 年代，法国开始以一般的责任保险单承保企业突发性环境事故。1977 年英国保险公司和法国保险公司组成“污染再保险联营”，对因单独、反复性或继续性事故所引起的环境损害予以承保。第一次对单独、反复性或继续性环境损害予以承保的事件发生在 1974 年的英国。日本相关机构则根据地方政府和中央政府给出的“行政建议”，与企业就其运营达成“污染控制协议”。这一协议是政府和企业双方自愿签订的，不具有强制性。从采用自愿环境污染责任保险模式的实践来看，该模式适用于某些特定的环境污染责任保险险种，这些险种的责任范围比较宽泛，投保人的风险并不确定，保险人的风险也难以估计。

2.3 混合环境污染责任保险模式

混合环境污染责任保险是指将强制环境污染责任保险与财务保证或担保制度相结合的一种制度安排。区别于自愿环境污染责任保险和强制环境污染责任保险的简单混合，它特指一种环境污染责任保险险种在强制投保的制度安排下需要附加其他制度条件，如保证或担保制度。德国是实施混合环境污染责任险的典型国家。德国《环境责任法》明确规定特定设施的所有人必须采取一定的预防措施保障义务的履行，包括“责任保险，由州、联邦政府免除或保障赔偿义务的履行，金融机构提供财务保证或担保”三项措施[2]。众所周知，环境污染损害具有极大的负外部性，一旦环境损害形成，环境污染损害的赔偿金额十分巨大，保险公司难以支付如此巨额的赔付。以企业财务保证或担保为基础的政府免除或保障赔偿义务能保障区域受污环境得到较好的治理。

3 中国环境污染责任保险的典型推进方式

环境污染责任保险在中国的实践最早可以追溯到1991年大连的保险公司和当地环保部门合作推出的环境污染责任保险业务。随后，沈阳、长春等城市也相继开展此类业务，但最终投保的自愿性质、过窄的险种责任范围和当时薄弱的社会环保意识使得这一险种逐渐淡出了公众的视野[3]。2005年11月，松花江水污染事故使得这一制度安排重新受到关注，也促使中国环境污染责任保险制度出台[1]。伴随着《关于环境污染责任保险工作的指导意见》的发布，多家保险公司的环境污染责任保险条款通过了保监会的审核备案并投入市场[4]。总之，环境污染责任保险在中国的实践已有20多年，“自下而上”的制度创新范式为环境污染责任保险在中国的业务拓展提供了良好的外部条件，也形成了若干特色鲜明的地区环境污染责任保险推进方式。

3.1 基于风险评估方式的强制环境污染责任保险模式

基于风险评估方式的强制环境污染责任保险模式是指经过风险评估后被认定为面临高环境污染风险的企业必须购买环境污染责任保险，必须定期编制环境风险报告。这一模式在湖南省长沙市已试行多年。长沙市环保局2009年8月发布了《环境风险企业管理若干规定》，要求高风险企业必须购买保险，必须定期编制环境风险报告。在这一模式下，全国首例环境污染责任保险理赔也在平安保险公司和株洲市昊华化工公司之间完成。

在实施过程中，湖南省共确定了化工、有色、钢铁等18家重点企业，其中7家企业投保了环境污染责任保险。从巴陵石化公司的投保情况来看，该公司投保10万元，每次事故赔偿限额60万元，累积赔偿限额120万元。其中，每次事故财产损失赔偿限额35万元，每次事故人身伤亡赔偿限额20万元（每人赔偿限额10万元)，每次事故第三者清理费用限额5万元[5]。由此可见，湖南省环境污染责任保险的费率大约控制在8%，费率较高。

3.2 基于共同保险方式的强制环境污染责任保险模式

共同保险又称“共保”，是指两个或两个以上保险人共同承保同一标的的同一危险、同一保险事故，而且保险金额不超过保险标的的价值，即投保人就同一保险标的同时与两家或两家以上的保险公司签订一份保险合同。环境污染责任共同保险一般是指由多家保险公司组成共保体承保相应的环境污染风险项目。

基于共同保险方式的强制环境污染责任保险模式已在江苏省正式推行。人保、平安、太平洋和永安四家保险公司组成共保体，承保2008～2009年度江苏省船舶污染责任保险。这一保险业务首先在江苏省行政辖区水域内航行、停泊和作业的油船、化学品船（两者都含外省籍船舶）两类船舶上率先推行，今后将逐步在全省水域的所有船舶上推广实施[5]。江苏省推出这一保险时，主要是通过强制方式让2100条船舶投保了环境污染责任保险。

3.3 基于政府补贴方式的自愿环境污染责任保险模式

环境污染责任保险的责任范围过窄和企业投保意识薄弱使得环境污染责任保险业务在中国市场中的开拓困难重重。环境污染责任保险的责任范围一般局限于因偶然、突发性的环境污染事故造成的人身、财产损害。正常营运状态下的渐进性或者复合性污染所导致的损害不在承保范围内，而这恰恰是企业所希望保险公司承保的责任[6]。与此同时，相对于风险控制而言，企业的资金约束更为直接，企业更关注的是如何减少经营成本，当然也包括如何避免环境污染责任保险保险费的支出。因此，有些地方政府通过政府补贴的方式来推进环境污染责任保险试点。

2008年9月武汉市专门安排200万元资金作为政府引导资金，为购买环境污染责任保险的企业按保费的50%进行补贴，这是借鉴我国农业保险经验的具体做法[5]。就政策性农业保险而言，政府主要希望通过农业保险来代替直接补贴对我国农业实施合理有效保护，以减轻加入WTO对农业的冲击。政策性农业保险中政府补贴一般控制在70%～80%，在试点地区环境污染责任保险中政府补贴只有50%，补贴比例不高。

3.4 基于第三方服务体系建设方式的环境污染责任保险模式

基于第三方服务体系建设方式的环境污染责任保险模式是一个综合的环境

污染保险模式。在这一推进方式下的保险模式中，有一部分环节被剥离出来由第三方中介机构来负责。比如在基于风险评估方式的强制环境污染责任保险模式中，当风险评估由第三方中介机构来承担时，基于风险评估方式的环境污染责任保险模式就转变为基于第三方服务体系建设方式的环境污染责任保险模式。只不过，它可以是一种强制环境污染责任保险，也可能是一种自愿环境污染责任保险模式。以此类推，当政府补贴的职能由一个共同基金来完成时，那么基于政府补贴方式的自愿环境污染责任保险模式也是一个基于第三方服务体系建设方式的环境污染责任保险模式。

“大连模式”就是一个基于第三方服务体系建设方式的环境污染责任保险模式，它由“一个基点、两种手段、三大体系、四类支撑”所构成[7]。“大连模式”表明，第三方服务体系建设的推进方式并未明确环境污染责任保险是强制保险还是自愿保险，风险评估既可以服务于政府强制推进环境污染责任保险的过程，也可以服务于投保人和承保人双方自愿达成的投保协议。

4 中国环境污染责任保险推进方式与模式组合及其创新

4.1 环境污染责任保险的可能模式组合

根据国外成熟保险市场的经验，强制、自愿与混合环境污染责任保险是三大典型的环境污染责任保险模式。然而，在中国试点地区，地区模式（如“大连模式”）并不强调试点地区政府是通过强制投保或自愿投保，还是混合模式来推进环境污染责任保险制度的，而是特别强调试点地区的推进方式，如风险评估方式、共同保险方式、政府补贴方式等。

基于环境污染责任保险的典型模式和中国环境污染责任保险的推进方式，试点地区环境污染责任保险的模式组合如表1所示。表1中的阴影表示这一环境污染责任保险的方式模式组合在中国已有实践，比如湖南省采用的是基于风险评估方式的强制环境污染责任保险模式，江苏省采用的是基于共同保险方式的强制环境污染责任保险模式，武汉市采用的是基于政府补贴方式的自愿环境污染责任保险模式。大连市采用的是基于第三方服务体系建设方式的环境污染责任保险模式。大连市并未明确这一方式对应哪一类环境污染责任保险模式，因此“大连模式”可以被认为是一种综合模式，它适用于三大典型的环境污染责任保险模式。

表1 推进环境污染责任保险制度的12种可能方式与模式组合

Tab. 1 12 Combinations of styles and modes for promoting the environmental pollution liability insurance

推进方式	强制环境污染责任保险模式	自愿环境污染责任保险模式	混合环境污染责任保险模式
基于风险评估方式	基于风险评估方式的强制环境污染责任保险模式	基于风险评估方式的自愿环境污染责任保险模式	基于风险评估方式的混合环境污染责任保险模式
基于共同保险方式	基于共同保险方式的强制环境污染责任保险模式	基于共同保险方式的自愿环境污染责任保险模式	基于共同保险方式的混合环境污染责任保险模式
基于政府补贴方式	基于政府补贴方式的强制环境污染责任保险模式	基于政府补贴方式的自愿环境污染责任保险模式	基于政府补贴方式的混合环境污染责任保险模式
基于第三方服务体系建设方式	基于第三方服务体系建设方式的强制环境污染责任保险模式	基于第三方服务体系建设方式的自愿环境污染责任保险模式	基于第三方服务体系建设方式的混合环境污染责任保险模式

4.2 环境污染责任保险的“单一模式与多种方式”组合

显然，表1只是给出了一种典型模式只对应一种推进方式的情形。譬如，强制环境污染责任保险模式要么对应风险评估方式，要么对应共同保险方式，要么对应政府补贴方式，要么对应第三方服务体系建设方式。事实上，模式组合并不局限于简单的“一对一”关系，模式组合可以进行拓展。两种典型的“单一模式与多种方式”组合如下。

4.2.1 基于“风险评估＋政府补贴＋第三方服务体系建设”方式的强制环境污染责任保险模式

这一模式需要对企业进行风险评估，风险评估可以由政府的相关职能部门完成，也可以由相关职能部门配合第三方完成。同时，对企业进行风险评估往往需要一定的行政指令，否则企业会以风险评估涉及商业秘密为由拒绝政府或第三方对它进行风险评估。因此，为了能够让企业较好地配合政府推进环境污染责任保险的试点工作和激发企业投保的积极性，政府补贴将能有效引导企业进行风险评估。在这一组合中，强制环境污染责任保险典型模式能够较好地满足“风险评估＋政府补贴＋第三方”组合推进的需要。

4.2.2 基于“共同保险＋政府补贴”方式的自愿环境污染责任保险

这一组合突出的是环境污染责任保险的自愿模式。承保人共同承保企业环境污染损害风险以降低承保人的承保风险，从而有助于降低环境污染责任保险的保险费率，进而调动企业参保的积极性。同时，承保人共同承保有助于避免不同承保人之间因费率问题而产生的恶性竞争，从而有利于环境污染责任保险市场的健康发展。不过，在市场形成初期，政府补贴必不可少，这不仅是对承保人和投保人的激励，也是在全社会推广和宣传环境风险的规避机制。

4.3 环境污染责任保险的“单一方式与多种模式”组合

与“单一模式与多种方式”的环境污染责任保险组合不同，“单一方式与多种模式”组合是指一种推进方式可以对应多种典型模式。只不过，这种对应关系往往会附加行业条件、区域条件、阶段条件或政策条件。

4.3.1 基于风险评估方式的“强制环境污染责任保险模式或自愿环境污染责任保险模式”

基于风险评估方式的“强制环境污染责任保险模式或自愿环境污染责任保险模式”是指对于某一险种或行业、在某一些企业或地区实行基于风险评估方式的强制环境污染责任保险，而对于另外一些险种或行业，在其他一些企业或地区实行自愿环境污染责任保险。从目前中国环境污染责任保险试点地区的情况来看，基于风险评估方式的环境污染责任保险往往是通过政府强制手段的方式试行，但是基于风险评估方式的环境污染责任保险也可以通过自愿投保的方式推进。基于环境评估结果，当企业面临的环境风险足够大时，企业会自愿投保环境污染责任保险。

4.3.2 基于共同保险方式的“强制环境污染责任保险模式、自愿环境污染责任保险模式、混合环境污染责任保险模式”

基于共同保险方式的强制环境污染责任保险可以通过社会保险（强制保险）的方式推进，其保费可以由投保者自己承担或者多个投保者联合承担；基于共同保险方式的自愿环境污染责任保险可以通过商业保险（自愿保险）的方式推进，投保人是否投保和购买哪一家保险公司的保险由投保人自行决定。从中国目前已有的实践来看，共同保险方式一般是指承保人组成一个共保体承保独立企业的环境损害风险。同时，投保人也可以组成一个利益共同体就同一环境损害风险进行投保，可由一家保险公司或多家保险公司来承保。

4.3.3 基于第三方服务体系建设方式的“强制环境污染责任保险模式、自愿环境污染责任保险模式或混合环境污染责任保险模式”

这一模式非常综合，因为它只明确在环境污染责任保险的市场推进过程中除了承保人和投保人，还应该有第三方参与。但是，它并未明确第三方是谁及相应第三方的具体职能。从保险的参与者来看，第三方至少包括政府、风险评估中心、公共基金、其他监管者。一般而言，风险评估要么由政府的相关职能部门来完成，要么由第三方的风险评估中心来完成。因此，基于风险评估方式的环境污染责任保险可以纳入第三方服务体系的建设之中。以此类推，第三方服务体系建设方式可以对应“强制环境污染责任保险模式”、“自愿环境污染责任保险模式”或“混合环境污染责任保险模式”。

5 结束语

在中国，环境污染责任保险的“二元”特征十分突出。它不仅仅是指强制保险和商业保险两种模式并行[8]，而且还包括环境污染责任保险推进方式和模式的“二元”甚至“多元”特征。一方面，中国环境污染责任保险试点既可通过风险评估方式推进，又可通过共同保险方式推进；既可通过政府补贴方式推进，又可通过第三方服务体系建设方式推进。另一方面，就某一险种而言，环境污染责任保险需要采取强制模式，就其他一些险种而言，环境污染责任保险需要采取自愿模式；在某一地区环境污染责任保险需要采取强制模式，在其他一些地区环境污染责任保险需要采取自愿模式；对某一行业环境污染责任保险需要采取强制模式，对其他一些行业环境污染责任保险需要采取自愿模式。诸如此类，不同推进方式和模式的组合可能形成创新。结合试点地区的实际情况，环境污染责任保险推进方式和模式的创新性组合有利于试点地区在环境污染责任保险的试点中获得突破，有利于在更广范围内和更深层次上推进中国环境污染责任保险的试点工作。

参考文献

[1] 粟芳，赵超．环境污染责任保险制度选择的利弊分析．上海保险，2010，(5)：9-14.
[2] 陶卫东．论中国环境责任保险制度的构建．中国海洋大学博士学位论文，2009.
[3] 张瑞刚，许谨良．我国环境污染责任保险发展的难点与对策．上海保险，2011，(12)：48-53.
[4] 李华友．中国环境污染责任保险的发展动态与工作重点．环境保护，2009，(18)：31-33.
[5] 陈美桂．环境污染责任保险的国内试点所带来的启示．商业经济，2010，(5)：26-27.
[6] 易令正．我国实施环境污染责任保险机制初探．保险研究，2009，(4)：109-111.
[7] 张瑜，徐向峰，毕芳芳．大连环境污染责任保险的创新模式．环境保护，2010，(21)：58-60.
[8] 李华．论我国“二元化”环境责任保险制度构建．中国人口·资源与环境，2006，(2)：110-113.

我国环境税的收入归属选择[①]

□ 田淑英[②]　许文立
（安徽大学经济学院）

摘要：环境税问题是近年来学术界和实践部门关注的热点。为了更有效地促进环境保护，国务院已明确提出要实施有利于环境保护的经济政策，积极推进环境税费改革（将排污费改为“税”），研究开征环境保护税。税收的收入归属直接影响到该税种的征管效率和社会公平，然而，学术界对我国环境税收入归属权的探讨极少。鉴于此，本文以 Richard Abel Musgrave 的税权划分原则及 Richard B. Stewart 和 Wallace E. Oates 的环境分权理论为基石进行理论演绎，并结合我国环境保护事权划分、排污费收入归属现状、地区间排污费收入不平衡状况及分税制体制下中央与地方财政收入分配格局四方面的实践背景，参照 OECD 和 EEA 国家环境税（费）收入归属划分的经验，探讨我国环境税的收入归属问题。研究的结论为：我国的环境税应选择以地方政府为主的中央与地方共享税模式，将其大部分税收收入划归地方政府所有。

关键词：环境税　税权划分　收入归属　排污费

Study on Intergovernmental Benefit Power of Environmental Tax

Tian Shuying, Xu Wenli

Abstract: The issue of environment tax becomes a hot spot of academic circles and relevant departments in recent years. In order to better protect the environment, the State Council indicated to implement the economic policies in

---

① 本文得到了环境保护部环境规划院课题“环境税征管能力分析及优惠政策研究”、安徽大学博士科研启动经费项目“环境经济政策的效应及选择”（33190036）、国家社会科学基金项目“促进林业生态经济发展的公共政策研究”（12BJY141）和教育部规划项目“中国林业生态保护与发展的公共政策研究——基于公共经济学的视角”（201010YJA790172）的资助。

② 田淑英，通信地址：合肥市经济技术开发区九龙路 111 号，安徽大学经济学院 66 信箱，邮编：230601，邮箱：shuyingtian@163.com。

favor of environmental protection, positively carry forward the reform of environmental taxation expenses (to collect a certain kind of "tax" instead of pollutant charge), and consider to collect environmental tax. The benefit power of a tax directly affects its collective efficiency and social equality, but few literatures can be found on the benefit power of environmental tax in China. Therefore, this paper analyzes the benefit power of environmental tax in China based on the theoretical deduction form division of tax rights principle (Richard Abel Musgrave) and environmental decentralization theory (Richard B. Stewart & Wallace E. Oates), the practicing background in China from four aspects, namely the responsibility division of environmental protection, pollutant charge income distribution, inter-regional pollutant charge income imbalance, the fiscal revenue distribution between central-government and local-governments in the system of tax distribution and the experiences of OECD and EEA countries' environmental taxes and fees income distribution. According to the above mentioned analysis, this paper believes that the environmental tax in China should choose the model of shared tax between central-government and local-governments, in which the later party should acquire the prior position and get much more portion than the former in the distribution of environmental tax revenue.

Key words: Environmental tax　Division of tax rights　Benefit power of tax　Pollutant charge

1　引言

为了促进环境保护，许多国家已经开征了环境税。在我国，环境税的开征也已被提上议事日程。早在2007年，国家《节能减排综合性工作方案》中就已明确表示要研究开征环境税；2011年，《国务院关于加强环境保护重点工作的意见》又提出要实施有利于环境保护的经济政策，积极推进环境税费改革（将排污费改为“税”），研究开征环境保护税。与此相应，学者们纷纷讨论如何开征环境税、如何设计我国的环境税制[1~3]。另有学者运用模型估算我国环境税税率的合理值，如陈诗一[4]运用方向性距离函数构成的节能减排行为分析模型对碳税税率进行估算。李振京等[5]则通过阐述国外环境税制度提出了一些建议。同时，环境税的效应研究也同样受到国内学者的广泛关注，刘凤良和吕志华[6]通过构建一个考虑环境质量和环境税的内生增长模型模拟了最优环境税及其配套政策对改善环境质量、提高长期经济增长率和社会福利水平的影响；何建武和李善同[7]通过对能源税和环境税政策的影响分析，得出单一的税收政策会对宏观经济造成负面影响，应该同时采取配套措施，减少这种负面影响，并带来“双重红利”。对于环境税能否确实带来“双重红利”，司言武[8]通过理论分析认为，在次优税收框架下，假说不成立；但引入非同质性假设后，假说就有成立的可能性。此外，学者们较多地运用CGE模型模拟分析碳税对国民经济、节能减排及行业产出的影响，如朱永彬等[9]、张明喜[10]、姚昕和刘希颖[11]等。环境税对绿色贸易发展也会产生影响[12]，曲如晓和吴洁[13]建立了一种局部均衡碳税模型，研究了碳关税对进、出口国及其全球福利的影响。总的来看，目前对环境税的研究大多集中在环境税开征的税目、现行税制的绿化、环境税的效应及国外环境税的借鉴等方面，而缺少对环境税收入归属问题的研究。

本文以Richard Abel Musgrave的税权划分原则及Richard B. Stewart和Wallace E. Oates的环境分权理论为基石进行理论演绎，并结合我国环境保护事权划分、排污费收入归属现状、地区间排污费收入不平衡状况及分税制体制下中央与地方财政收入分配格局四方面的实践背景，参照OECD和EEA国家环境税（费）收入归属划分的经验，探讨我国环境税的收入归属选择。

2 环境税收入归属权划分的理论分析

税收收入的归属权划分应以该税种的自身特征为依据，以各级政府的事权范围为依据。在这两方面，都有经典的理论可供参照。

2.1 政府间税收划分理论

美国著名财政学家Richard Abel Musgrave提出的分税原则被人们认为是指导政府间税收收入划分的基本思想。Richard将财政职能归纳为资源配置职能、收入分配职能和经济稳定职能，并且基于公共产品的提供及其空间受益归宿，将收入分配和经济稳定两大职能完全赋予了联邦政府，而将资源配置界定为地方各级政府的公共职能[14]。

以此为基础，Richard提出了以下税收划分原则：①有利于宏观经济稳定的税收应该由中央政府负责，中央以下各级政府课征的税收应该具有周期稳定性；②具有累进性的再分配税种应该划归中央政府；③采用累进税率对个人征收的税种应该由最有能力全面征收此类税种的地区征收；④税基在各地分布严重不均的税种应该由中央政府征收；⑤对地区间流动性较差的税基课税应当由级次较低的政府负责；⑥受益税和使用者收费适用于所有级次的政府[15]。

环境税呈现以下特征：①征收范围广泛，税基流动性较差。发达国家已经开征的环境税课征范围涉及大气、水资源、废物、噪声等诸多方面，其中大部分在地区间流动性较差。②征管要求高、难度大。环境污染类型的多样性，使得环境税征税环节会涉及生产和消费环节的多方面；由于环境税征收涉及排污量的测算，而排污量的测算需要专门的技术和设备，环境信息的稀缺性和不对称性也使得环境税征管对技术要求较高，因此需要配备大量专业技术人员、测试设备和计算设备，而且要求征管人员对当地情况比较熟知。③环境税收入与居民收入和经济增长呈现一定的负相关性，不具有累进性的再分配作用。因为环境税依据污染量征税，而不是依据收入额进行累进性的征税。

据此判断，环境税不适宜作为中央税，而应该作为地方税或者以地方为主的共享税。

此外，政府支出的责任划分也是税收收入归属权选择所应该考虑的重要方面。正如谷成所言，只有通过各级政府的支出需要来引导政府间的税收划分，才能避免因随意分税而导致的政府收入与支出分权之间的矛盾，使分税进入规则和有序的状态[16]。

而各级政府的财政支出是为政府行使事权提供财力支撑的，其责任划分必然建立在政府职能或政府事权划分的基础上，因此，税收收入的划分必须立足于政府职能或政府事权的划分，对环境税收入归属问题的分析也必须考量环境保护事权的合理划分。

2.2 环境分权理论

环境分权理论即环境联邦主义理论，它是财政联邦主义理论的一个分支[17]，因此，环境分权理论解决的核心问题是：环境保护职责是应该集权还是应该分权，也就是说，环境保护的责任是应该由中央政府承担还是应该下放为地方政府职责。

对此问题，西方学者从 20 世纪六七十年代起就开始了激烈的探讨。其中，支持环境保护应该集权、由中央政府承担观点的最有影响、最具代表性的学者是 Richard B. Stewart。Richard 认为，环境保护应该集权化管理是由于以下几个方面的原因：①解决公地悲剧问题并获取全国性的规模经济收益。由于制造业和商业活动的流动性，地方政府出于担心环境改善的收益会被资本流向其他低环境标准地区带来的损失所抵消，甚至损失超过收益，因此，地方政府更倾向于拒绝单方面采纳会增加企业生产成本、阻碍经济发展的高环境标准，这会导致地区间环境规制出现“向底线赛跑”（race to the bottom），造成环境的恶化，因此应该由中央政府对环境事务统一进行管理。②纠正由污染外部性引起的地方政府失灵。当污染排放跨区域时，预期会有对相邻地区的过度的环境破坏，而对一个地区的政策制定者来说，很少有激励让他们消除其行动对周围地区产生的外部成本。③克服环境保护者和污染利益集团之间在政治影响方面的不对等。相比污染利益集团，环境保护者在全国层面上比在地方层面上更容易获取充分的资源来施加有效的政治影响[18]。

同时，随着越来越多的学者对于“大政府”有效性的质疑，20 世纪 80 年代中期以后，对于环境保护的职责，也有越来越多的学者认为应该由中央政府下放到地方政府。支持环境保护分权的学者们认为，不同地区的居民对环境质量会有不同的要求，有些地区会偏好高水平的环境质量，而有些地区会偏好较低水平的环境质量，但是中央政府执行统一的环境保护措施，往往忽略了这种不同地区居民对环境质量的偏好差异。同时，不同地区在资源禀赋、技术和地理方位等方面的差异，会对环境保护造成不同的影响，环境保护措施对当地居民福利的影响也会不同。而对于环境保护集权论者担心的“向底线赛跑”，Wallace 等通过理论分析证明，只要不存在溢出效应，地方政府采取非扭曲性税收进行融资，那么，它就会提供最优水平的环境质量[19]。随后 Wallace 又分析了环境作为全国性公共产品、地方性公共产品和具有外溢性的地方公共产品三种情况下的环境保护职责的划分。他同时指出，环境保护政策应是一个联合行动，由地方政府对仅限于其辖区范围内的环境事务执行规制，而由中央政府承担全国性污染问题的规制责任，并对环境科学与污染控制技术的研究和开发活动提供支持及对地方政府提供必要的信息和指导[20]。

由此可见，环境保护的事权并没有完全归属于地方政府，而是要中央政府和地方政府合作推进。那么，按照财权与事权相对应的原则，与环境保护事权相对应的环境税收入也应该由中央政府和地方政府共享。对那些能明确界定且不易移动的环境污染所征收的环境税收入应该归属于地方政府，而对那些污染范围大、征税对象不明确的环境污染征收的环境税应该归属于中央政府或者由中央政府与地方政府共享。

3 我国环境税收入归属权划分的实践背景

我国开征环境税的制度基础是排污收费制度，因此，环境税收入归属权的划分不仅要考虑我国目前的环境保护事权划分，还要立足于排污收费制度及其收入划分的现状，同时要兼顾中央与地方政府的收入分配格局，适应我国财政体制改革的要求。

3.1 我国环境保护的事权划分

我国目前的政府间事权划分依据的是1994年确立的分税制财政管理体制。按照有关规定，中央财政主要承担国家安全、外交和中央国家机关运转所需经费，调整国民经济结构、协调地方经济发展、实施宏观调控所必需的支出及由中央直接管理的事业发展支出，地方财政主要承担本地区政权机关运转所需支出及本地区经济、事业发展所需支出。但在相关文件对中央支出和地方支出所列示的具体支出项目中，都没有明确提到“环境保护”。

2007年实行政府收支分类科目改革以后，“环境保护”作为一项独立的财政支出类别被单列出来，自此，环境保护的事权划分从统计年鉴公布的数据可以得知。如表1所示，从2007年起，我国环境保护支出中地方财政所占比重一直在95%以上。2010年，这一比重达到了97.2%。可见，我国的环境保护事权几乎全部由地方政府承担。按照财权与事权相对应的原则，环境税收入应该主要归属于地方政府。

表1 我国环境保护财政支出及地方财政所占比重

Tab. 1 The share of Environmental protection fiscal expenditure of the local government

年份	环境保护国家财政支出/亿元	环境保护地方财政支出/亿元	环境保护地方财政支出占总额的比重/%
2007	995.82	961.23	96.53
2008	1 451.36	1 385.15	95.44
2009	1 934.04	1 896.13	98.04
2010	2 441.98	2 372.5	97.15

资料来源：中国统计局网站，《中国统计年鉴》（2008～2011）

3.2 我国排污费收入及其归属状况

我国当前的排污费征收工作参照的是2003年开始执行的《排污费征收使用管理条例》。按此条例，排污费征收使用按照“环保开票，银行代收，财政统管”的方式，实行收支两条线管理。同时，《排污费资金收缴使用管理办法》规定，排污费实行属地化收缴进入国库。国库部门负责按1∶9的比例，10%作为中央预算收入缴入中央国库，作为中央环境保护专项资金管理；90%作为地方预算收入，缴入地方国库，作为地方环境保护专项资金管理。可见，排污费在征管体制上实行属地收费、分级管理，这种收费模式和体制使得排污费收入已是基层政府及其主管部门的收入。

该制度实施的结果是，从2004年起，我国排污费收入出现了快速增长，到2010年，已形成年排污费收入总额达188.2亿元的规模，如表2所示。这说明排污费已成为地方政府的重要收入来源。实行排污“费改税”，将更有利于规范组织收入，对于壮大地方政府财力作用将更加显著。

表2 2000～2010年我国排污费收入及其增长率

Tab. 2 the revenue of pollutant charge from 2000 to 2010

年份	排污费收入额/亿元	增长率/%
2000	58	4.50
2001	62.2	7.24
2002	67.4	8.36
2003	73.1	8.46
2004	94.2	28.86
2005	123.2	30.79
2006	144.1	16.96
2007	173.6	20.47
2008	185.2	6.68
2009	172.6	−6.80
2010	188.2	9.04

资料来源：《全国环境统计公报》(2000～2010)

因此，如果将环境税作为中央税或以中央为主的共享税，现行收入归属的格局将被打破，实现排污收费到环境税的制度变迁时，来自地方政府的改革阻力可能较大，不利于调动地方政府治理环境问题的积极性。相反，如果将环境税作为以地方为主的共享税，现行收入归属格局得以维系，在财力保障有所改善的情况下，地方政府可能会更加重视环境保护，从而有利于环境税目标的实现。

3.3 我国排污费收入的区域不平衡状况

我国排污费收入在省际存在明显的经济发展水平越高排污费收入越低的倾向。根据2003～2010年我国各省份人均地区生产总值均值排序，我们选取了排名靠前的北京、天津、上海三个经济发达地区和排名靠后的安徽、四川、贵州三个欠发达地区，将它们2003～2010年的排污费收入进行比较分析发现，在“十一五”期间，经济发展水平较高的地区排污费收入较低，且出现下降的态势；而同一时期，经济发展较落后的地区则出现排污费收入较高且快速增长的状况，如表3和图1所示。

表 3　全国部分省份近年来排污费收入情况

Tab. 3　The revenue of pollutant charge of some provinces in recent years

（单位：万元）

省份	2003 年	2004 年	2005 年	2006 年	2007 年	2008 年	2010 年
北京	11 718.8	13 908.3	16 726.5	12 490	8 076.1	4 184.5	3 574.8
天津	14 219	14 929	20 176.7	24 061.2	24 614.7	16 545.6	18 041.9
上海	13 196	22 011	29 630.7	34 692.6	29 443.8	29 551	24 827.9
安徽	15 953.3	21 840.4	27 698.8	32 175.3	42 154.5	42 989.2	52 586.2
四川	22 807.6	28 223.7	40 222.7	48 507	51 231.4	45 499.4	58 566.5
贵州	13 870.6	22 268.4	33 962.3	41 509.5	46 001.4	38 622	45 304.3

资料来源：根据《中国环境统计年鉴》(2004～2011)相关数据整理所得，但 2009 年《中国环境统计年鉴》中没有统计"各地区排污费征收情况"，故本表中也不包含 2009 年数据

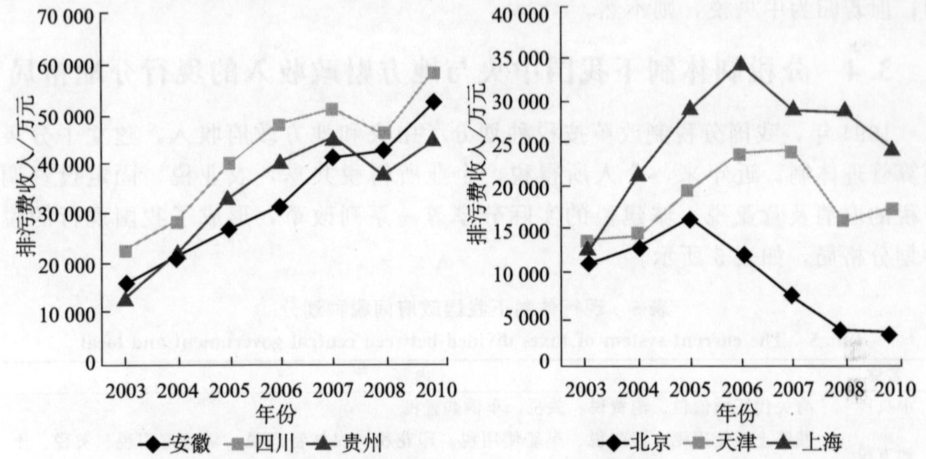

(a)部分欠发达地区排污费变动情况　(b)部分发达地区排污费变动情况

图 1　不同地区排污费收入变动情况对比图

Fig. 1　The comparison Chart of the changes of pollutant charge in different regions

此外，我们在 2009 年对安徽省合肥市和安庆市的实地调查也发现，经济发展水平较高的合肥市，排污费及其占当地税费总额的比重反而较低（表 4）。这也体现了经济发展与排污费收入的反向关系。

表 4　排污费占总税费的比重

Tab. 4　The share of pollutant charge fees in tax

年份	合肥市			安庆市		
	人均地区生产总值/元	排污费/万元	排污费占总税费额比重/%	人均地区生产总值/元	排污费/万元	排污费占总税费额比重/%
2004	13 378	1 948	0.46	6 308	1 056.6	0.76
2005	19 512	2 097	0.37	7 338	2 227.9	0.74
2006	23 203	2 342	0.32	8 734	2 674.7	0.67

续表

年份	合肥市			安庆市		
	人均地区生产总值/元	排污费/万元	排污费占总税费额比重/%	人均地区生产总值/元	排污费/万元	排污费占总税费额比重/%
2007	28 134	3 249	0.34	10 485	3 473.6	0.67
2008	34 482	2 869	0.21	12 595	3 531.4	0.63

资料来源：根据田淑英等《排污收费现状及改革建议调查报告》（2010）、《合肥统计年鉴》（2005～2009）和《安庆统计年鉴》（2005～2009）相关数据整理而来

在全国统一的国民收入分配制度下，经济发展水平较高的地区财政收入水平必然较高，而排污费收入与经济发展水平呈反向关系，这说明，作为地方收入，排污费能够在一定程度上调节地区间的财政收入均衡。排污费改为环境税以后，若作为地方税或以地方为主的共享税，环境税仍然能够起到这种调节作用；但若归为中央税，则不然。

3.4 分税制体制下我国中央与地方财政收入的现行分配格局

1994 年，我国分税制改革按税种划分了中央和地方政府收入，建立了分级预算管理体制。近年来，个人所得税、企业所得税共享，农业税、固定投资调节税的取消及营业税、城建税的实际分享等一系列改革，形成了我国现行的税种划分格局，如表 5 所示。

表 5 现行体制下我国政府间税种划分

Tab. 5 The current system of taxes divided between central government and local

名称	内容
中央税	海关代征增值税、消费税、关税、车辆购置税
地方税	城镇土地使用税、房产税、车船使用税、印花税、农林特产税、耕地占用税、契税、土地增值税、营业税和城建税（除共享部分外）
共享税	增值税、资源税、证券交易印花税、个人所得税、企业所得税、营业税和城建设税（地方银行和外资银行及非银行金融企业所得税，铁道部门、各银行总行、各保险总公司）

这些税制改革使得地方税主体税种在逐步弱化，以至于近年来出现了财力不断向上集中的趋势，使得中央政府宏观调控能力加强，而地方政府财力不足。从 1999 年起，中央财政收入规模大于地方财政收入，且从绝对数额来看，这种差距在不断增大，从 1999 年的 254.34 亿元增加到 2010 年的 1875.43 亿元，如图 2 所示。若将环境税设为地方税或以地方为主体的共享税，将有助于完善现行的分税制，在一定程度上改变地方财政收入偏低的格局。

以上分析表明，基于实践背景的考虑，我国环境税适宜于选择以地方为主的共享税模式，将其大部分收入划归地方政府所有。

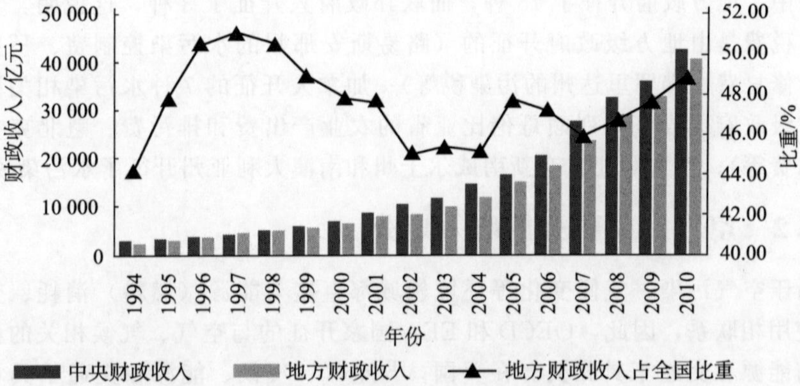

图 2 中央与地方财政收入及地方财政收入比重

Fig. 2 Central government and local governments′fiscal revenue and the proportion of local fisal revenue

注：①中央、地方财政收入均为本级收入；②本表数字不包括国内外债务收入

资料来源：《中国统计年鉴》(2011)

4 国外环境税（费）收入归属权划分的相关经验

环境税是政府调节环境保护行为的经济政策手段，在很多国家已经广泛实施。从国外情况来看，无论是发展中国家还是发达国家，与环境相关的课税和收费虽然有所差异，但是这种差异不大[21]，因此，我们在阐述国外相关经验时，也会涉及具有环境税性质的一些环境收费政策。

OECD 和 EEA 合作开发的环境相关税费数据库统计显示，OECD 成员国和 EEA 国家开征的环境税项目累计 808 项（其中 58 项已经停止征收），与环境相关的收费累计 492 条（其中 19 条已经停止实施）①。OECD 和 EEA 国家实施的环境税费涉及的领域有水污染、空气污染、气候变化、固体废物排放管理、土地和自然资源管理、噪声、臭氧层保护、能源效率和交通工具。

4.1 水污染税费的收入划分

水污染是最常见的环境问题之一，几乎所有的 OECD 和 EEA 国家都开征了与水污染相关的税费，其收入主要归属于地方政府。如在美国开征的 18 种水污

① 数据来源于 OECD 网站：http：//www.oecd.org/ecoinst/queries/index.htm，其中包括 47 个 OECD 和 EEA 国家及巴西、中国、哥伦比亚、印度和南非。

染税费中，地方政府开征了15种，而联邦政府只开征了3种，这说明，大多数水污染税费是由地方级政府开征的（路易斯安那州的水污染控制费、马里兰州的海岸修复费、佛罗里达州的污染税等）；加拿大开征的7种水污染相关税费全部由省级政府征收（不列颠哥伦比亚省的农业产出费和排污费、魁北克省的工业废水费等）；澳大利亚只有新南威尔士州和南澳大利亚州开征了水污染税费。

4.2 空气污染税费的收入划分

由于空气污染、气候变化等环境领域都直接与能源（燃料）消耗、交通工具的使用相联系，因此，OECD和EEA国家开征的与空气、气候相关的税费也直接与能源和交通工具相关。在美国，与空气、气候、能源和交通工具相关的税费收入大多数为联邦政府和州政府共享，即联邦政府和州政府同源征税，但税率不同，如美国联邦政府和州政府都对航空燃油、交通燃油等征收税费。在加拿大，重型汽车税和石油消费税都由联邦政府征收，但省级政府也对汽油等石油产品征税，因此，也属于同源不同税率征收。在澳大利亚，成品油消费税由联邦政府征收，汽车税费和排污费则由州政府征收，如新南威尔士州的排污费和车辆税费、南澳大利亚州和昆兰士州的汽车税费等。

4.3 固体废物排放税费的收入划分

OECD和EEA国家一般对固体废弃物的排放和处理也会征收一定的税费。由于不同地区城市废物的排放及废物的种类有所区别，其对环境产生的影响也就存在差异，因此，各国对于这种废物处理税费都交由地方政府征收管理，这些税费的征收与“定价权”一般归地方政府所有，他们根据固体废弃物对当地环境的实际影响情况征收固体废物处理税费。如城市废物处理税（费），在阿尔巴尼亚、澳大利亚、奥地利、美国等国家都是由地方政府征收。根据OECD和EEA合作开发的环境税费数据库统计，美国开征的60种有关废物处理的税费全部由州政府开征，而且各州政府的征税对象并不完全一致，而是根据当地的实际情况开征。

4.4 其他环境税费的收入划分

OECD和EEA数据库中统计的环境税费除了上述几种外，还包括噪声污染费、土地和自然资源税、臭氧层保护税。由于我国土地和自然资源的产权制度与西方国家的产权制度存在很大差别，且资源税在我国已经开征，除海洋资源外的其他资源税都属于中央与地方共享税，因此本文不阐述国外的土地与自然资源税收入划分经验，而只关注噪声污染费和臭氧层保护税。对于噪声污染费，主要是针对机场噪声而征收的税费，用于改善机场周边的隔音设施，降低机场对其周边环境的影响，因此，噪声污染费一般由机场所在地政府征管。而对于臭氧层保护税，由于臭氧层保护涉及全球范围，且在一国征收也比较困难，因此，单独开征臭氧层保护税的国家并不多，只有美国、澳大利亚、立陶宛、塞尔维亚和斯洛伐克等开征臭氧层消耗税费，归中央政府所有。

从国外环境税费收入划分的经验来看，针对水污染、固体废物处理和噪声污染征收的税费由地方政府所有，而有关空气污染方面的税费则由中央和地方政府共享。这为我们提供了借鉴：环境税收入大部分应划归地方政府，少部分划归中央政府。

5 结论

环境税作为环境经济政策手段之一，对推动一个国家或地区的环境保护起着极其重要的作用。要使环境税能够有效发挥作用，征管体制至关重要，其归属权在政府间的划分又是其中关键的问题之一。

通过前文分析，可以得到如下结论：从理论上看，环境税收入归属权的合理划分应该与环境保护事权的科学界定相吻合，而环境保护的事权应由中央政府和地方政府共同承担，大部分界定为地方政府的职责；从实践上看，我国环境保护的事权绝大部分是由地方政府行使的，同时，现行的排污费收入也主要归地方政府所有，为减少制度变迁中来自地方政府的阻力、平衡地区间的财力差异、缓解地方财政收入不足的现状，环境税收入应主要划归地方政府所有；国外的环境税（费）大部分归地方政府，少数由中央和地方政府共享，其相关经验可以成为我国环境税收入归属权划分的重要借鉴。

综合以上分析发现，从三个视角分析所得出的结论是一致的。鉴于此，我们认为，我国实行排污“费改税”后的环境税应该选择以地方为主的共享税模式。具体有两种选择：一是全部由地方政府征收，并将总收入按 9∶1 的比例在地方政府和中央政府间划分，这符合目前的排污费收入分配格局，制度体系较简单。二是全部由地方政府征收，但收入划分区别对待，即对废气和废水类按 9∶1 的比例在地方与中央政府间分成，固体废物和噪声则全部按属地原则归地方政府所有。理由是，在目前的排污费构成中，废气和废水类占 90%以上，而且废气和废水排放的外部性都具有较大的区域特征，而固体废弃物和噪声污染的外部性一般局限在地区内。这样的制度设计不仅与现行的制度安排相衔接，使最后的收入分配比例仍然保持在 9∶1 的水平，而且从理论上也体现了解决外部性问题的政策思路。

参考文献

[1] 王金南，葛察忠，高树婷，等．中国独立型环境税方案设计研究．中国人口·资源与环境，2009，2：69-72.

[2] 曹静．走低碳发展之路：中国碳税政策的设计及CGE模型分析．金融研究，2009，12：19-29.

[3] 高萍，计金标，张磊．我国环境税税制模式及其立法要素设计．税务研究，2010，1：36-40.

[4] 陈诗一．边际减排成本与中国环境税改革．中国社会科学，2011，3：85-100.

[5] 李振京，沈宏，刘炜杰．英国环境税税收制度及启示．宏观经济管理，2012，3：80-83.

[6] 刘凤良，吕志华．经济增长框架下的最优环境税及其配套政策研究——基于中国数据的模拟运算．管理世界，2009，6：40-51.

[7] 何建武，李善同．节能减排的环境税收政策影响分析．数量经济技术经济研究，2009，1：31-44.

[8] 司言武．环境税经济效应研究：一个趋于全面分析框架的尝试．财贸经济，2010，10：51-57.

[9] 朱永彬，刘晓，王铮．碳税政策的减排效果及其对我国经济的影响分析．中国软科学，2010，4：1-10.

[10] 张明喜．我国开征碳税的CGE模拟与碳税法条文设计．财贸经济，2010，3：61-66.

[11] 姚昕，刘希颖．基于增长视角的中国最优碳税研究．经济研究，2010，11：48-58.

[12] 邢斐，何欢浪．贸易自由化、纵向关联市场与战略性环境政策——环境税对发展绿色贸易的意义．经济研究，2011，5：111-125.

[13] 曲如晓，吴洁．论碳关税的福利效应．中国人口·资源与环境，2011，4：37-42.

[14] Musgrave R A. The Theory of Public Finance. New York：McGraw-Hill，1959.

[15] Musgrave R A. Who should tax，where and what//Charles E，Mclure Jr. Tax Assig nment in Federal Countries Canbena Centre for Research on Federal Financial Relations. Australian National University，1983.

[16] 谷成．基于财政分权的中国财产税改革．北京：人民出版社，2011.

[17] 李伯涛，马海涛，龙军．环境联邦主义理论评述．财贸经济，2009，10：131-135.

[18] Stewart R B. Pyramids of sacrifice：problems of federalism in mandating state implemen tation of national environmental policy. Yale Law Journal，1977，86：1196.

[19] Oates W E，Schwab R M. Economic competition among jurisdictions：efficiency enhancing or distortion inducing. Journal of public economics，1988，35：333-354.

[20] Oates W E. A Reconsideration of Environmental Federalism. Washington DC：Resources for the Future，2001.

[21] 王金南，葛察忠，高树婷，等．环境税收政策及其实施战略．北京：中国环境科学出版社，2006.

非电行业初始排污权分配方法研究

□ 段海燕[①] 赵雯砚 刘 婷 王宪恩
（吉林大学环境与资源学院）

摘要：近年来，非电行业污染物排放量不断增加，非电行业的污染物排放总量控制和初始排污权分配方法研究逐渐成为重点。本着配额分配不超过总量控制水平、分配公平、有利于经济和环境协调发展、科学性与现实可行性等原则，以及综合分析各类分配方法优缺点及适用性，本文研究了非电行业一级分配和二级分配中的初始排污权指标分配方法。

关键字：非电行业 初始排污权 指标分配 总量控制

The Study on Allocation Methods of Initial Emissions Permits in Non-Electric Industry

Duan Haiyan, Zhao Wenyan, Liu Ting, Wang Xianen

Abstract: In recent years, as non-electric industry's pollutants emissions increase, studies on pollutants emissions control and allocation method of initial emissions permits gradually become key studies. In the light of quota allocation not exceeding the total quantity control, distributive justice, benefit to economy and environment development, scientificalness, realistic feasibility and other principles, by the comprehensive analysis of applicability and the advantages and disadvantages of various allocation methods, initial emissions index allocation permits methods of first-grade allocation and second-grade allocation in non-electric industry are studied in this paper.

Key words: Non-electric industry Initial emissions permits Index allocation Total quantity control

① 段海燕，通信地址：吉林省长春市前进大街 2699 号吉林大学中心校区理化楼 C 区 446 室；邮箱：duanhy1980@jlu. edu. cn。

1 引言

近年来，随着国家节能减排政策的不断深入及电力行业主要污染总量控制力度的不断提高，电力行业主要污染物排放总量呈不断下降的趋势，与此同时，非电行业的主要污染物排放总量则不断上升。以二氧化硫为例，统计数据显示，我国电力、热力生产和供应业的二氧化硫排放总量从 2001 年的 1379.52 万吨下降到 2010 年的 899.79 万吨，行业二氧化硫排放量占比从 2001 年的 65.66％下降到 2010 年的 52.76％；而非电行业二氧化硫排放总量从 2001 年的 721.4 万吨增加到 805.66 万吨，行业二氧化硫排放量占比从 2001 年的 34.34％增加到 2010 年的 47.24％，如图 1 所示。非电行业的主要污染物总量控制已经逐渐成为国家节能减排的重点领域。

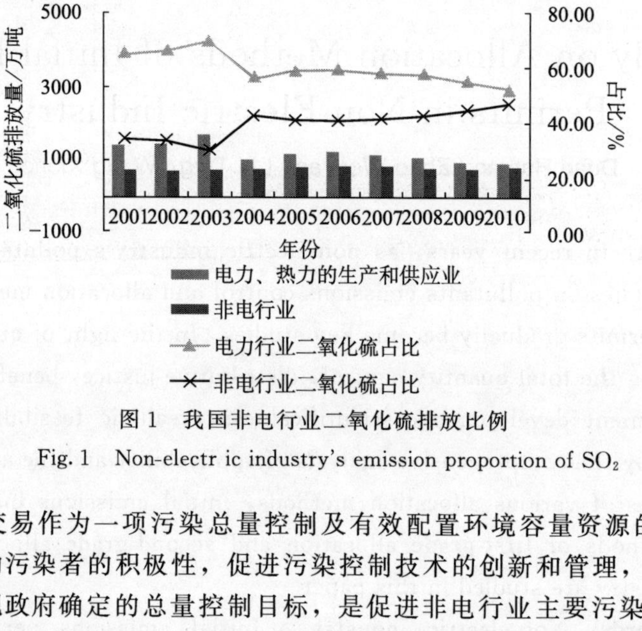

图 1 我国非电行业二氧化硫排放比例

Fig. 1 Non-electr ic industry's emission proportion of SO_2

排污权交易作为一项污染总量控制及有效配置环境容量资源的市场手段，能够充分调动污染者的积极性，促进污染控制技术的创新和管理，以较低的社会总成本实现政府确定的总量控制目标，是促进非电行业主要污染物污染减排的一种重要机制。事实上，在基于总量控制政策的排污权交易中有两个市场：一个是基于公平目标的排污权初始分配一级市场；另一个是基于效率目标的环境容量资源配置的二级市场[1]。然而，如何在排污权交易市场的参与者中公平合理地分配初始排污权仍然是一个具有争议的重要问题，这直接影响着主要污染物总量目标的实现及排污权交易二级市场的顺利运作。而实践中，排污权交易作为人为模拟市场行为建立的建议市场，其市场的发育程度、市场的形成规划，与交易规则的制定及成熟的技术方法密不可分。所以非电行业主要污染物初始排污权分配方法的研究至关重要。

2 初始排污权分配方法研究综述

2.1 国外相关研究

在排污权交易理论与实践问题的讨论中，早期的大多数学者几乎忽视了初始排污权的分配问题。根据经典微观经济学的理论和Coase[2]的产权理论，只要市场交易成本为零，无论初始排污权如何分配，通过市场交易总可以达到资源的最优配置，即在完全竞争的条件下，初始排污权市场的效率不受初始排污权分配的影响。近年来，随着初始排污权交易制度在美国等西方发达国家的不断实践，西方的一些经济学家开始对初始排污权的分配问题重视起来，并进行了这方面的探讨。

Hahn[3]指出，假定在排污权交易市场中存在一个具有市场支配力的排污工厂，那么排污权的初始分配可能影响该工厂的垄断行为，因此可能影响市场力的程度，即在不完全竞争的市场中，排污权的初始分配会影响排污权交易的效率，因此选择合适的排污权初始分配方式至关重要。Westskog[4]把Hahn的模型扩展到考虑多个工厂具有市场垄断力的情况，所得出的结果仍然与Hahn的结论一致。Malik[5]在Hahn工作的基础上作了进一步思考，研究了一个工厂具有市场支配力，同时存在一个或者多个不服从的工厂的排污权交易市场的情况。在分析中，他得出一个Hahn所没有提到的结论：如果所有的工厂都是顺从的，则具有市场支配力的工厂可能选择拥有超过它所需要的排污权的数量，并使剩余的排污权从交易市场上退出。Athanasions[6]给出了农业初始排污权分配的一个讨价还价模型，Cramton和Kerr[7]对拍卖方式和“祖父制”（grandfathering）两种分配方式的优缺点进行了比较，认为二者各有适用的条件。Cason[8]的实验证明，交易成本会提高排污权交易价格，减少交易量；而当边际交易成本不变时，排污权的初始分配不影响交易价格、交易量及市场效率。

2.2 国内相关研究

从20世纪80年代开始，随着我国排污权交易试点工作的展开，国内的学者也开始了这方面的研究，初始排污权分配问题正逐渐成为很多学者关注的一个热点。王勤耕等将“平权函数”和“平权排污量”引入到总量指标初始分配方法中，保证了指标分配的现实性和公平性；再将“有效环境容量”引入保证了总量指标初始分配与环境质量目标相一致，并将该方法应用于包括 3 个子控制区、12 种行业类型的某区域二氧化硫的指标初始分配[9]。徐斌等[10]通过引进“平均下风距离”的概念，从而建立了一种总量控制区内功能区排放负荷分配新方法，并与 A 值法进行了比较。马晓明等[11]提出了一套适合我国城市大气污染物允许排放总量计算与分配的模型，即构造区域间大气污染物转移矩阵及利用线性规划模型来核定区域的分配指标，并应用于济南市。刘娜和谢绍东[12]提出了 5 种影响大气污染物总量分配的基本影响因子，认为目前还没有一种分配方法完全考虑了这些分配影响因子，于是提出了中国不同经济区域大气污染物总量分配方法的选择建议。蒋秋静和李跃宇[13]综合分析国内外现有的 4 种配额分配方法的利弊，提出了新的配额分配方法——产值法和利税法。但由于国家没有分行业利税能耗数据，因此建议太原市应用产值法进行指标分配。赵文会等[14]兼顾经济最优和公平性，同时考虑各种综合因素构建了指标分配的极大极小模型，并给出了该模型解存在的 KKT 条件及一个有效解法。赵勇和王清[15]基于可分离物品拍卖思想提出了一种可变总量的竞争分配模型，研究了其有限激励性和分配有效性，并结合湖北省环境规划有效性的评价讨论了该模型的应用。李海涛等[16]将等比例削减法、平方比例削减法和其提出的模糊削减法分别应用于包头市青山区和昆区的二氧化硫指标分配方法当中，经过比较分析，提出各个方法的适用条件。王丽梅[17]以企业排放单位污染物所创造的价值作为参考依据，以其生产规模所占份额作为平均分配的参考依据，提出了一种指标分配策略。王乖虎等分析了各种因素在污染物排污总量分配中的权重，并将某种污染物的环境容量按该区域内的企业总数进行算术平均，最后针对各个企业最终确定的权重进行加权平均计算，得出该企业的污染物排污总量分配额[18~21]。

3 国内初始排污权指标分配现状及问题

国内的一些省市近年来也纷纷开展了污染物总量指标分配工作，其成功的经验为其他未进行总量指标分配的区域提供了参考和借鉴。

太原市的配额分配涉及三方面的内容：排放目标的确定、排放基准量的确定和分年度削减方案的确定。哈尔滨市环保部门则采用排放绩效、浓度达标或者等比例削减等方法，参考企业环评验收、环境统计、排污申报等方面数据，核定排污单位的分配指标。杭州市、重庆市的污染物分配以污染物的排放绩效作为总量配额分配的依据。浙江省的指标分配方法为等比例削减法，即经核定的各排污单位总量指标之和如果超过本区域排污总量控制目标时，各级环境保护部门根据当地可分配指标进行等比例削减调整，最终确定分配给各排污单位的指标。长株潭三市采用历史数据法进行总量指标分配。山东省、昆明市、洛阳市、三门峡市、绍兴市及嘉兴市则都是在满足省、市总量控制要求的前提下，采取按原环评审批、环保“三同时”验收、排污收费、排污申报登记、现场监测、环境统计综合确定主要污染物排放总量指标。

可见，国内各省市在进行总量指标分配时，运用的方法多集中于历史数据法、等比例削减法、排放绩效法及依据环评批复量来核定指标的方法。以上各方法均有一定的弊端。历史数据法所需的数据容易获得，可操作性较强，但该方法并没有考虑企业目前的二氧化硫治理情况，在某种程度上鼓励了落后，这对于在环境污染治理方面已经作出努力的企业显然是不公平的。等比例削减法要求各源削减同等比例，这种“一刀切”对于目前积极治理污染的企业来说增加了负担，因此实际意义不大。排放绩效法以生产单位产品所排放的污染物的量为基准进行分配，主要应用于具有统一度量标准的电力行业。而依据环评批复量来核定指标的方法则有可能导致分配的配额之和最终超出区域污染物允许排放总量。

因此，本文总结了以上各省市的实践经验，考虑我们目前的技术水平，从实用性、公平性、合理性的角度出发，提出了一种改进的分配方法。

4　非电行业初始排污权分配方法

环保部和财政部联合起草的《关于加快推进排污权有偿使用和排污交易工作的指导意见》（2010）规定，火电行业主要污染物排污权交易在全国范围内推广，重点污染源的主要水污染物和除火电行业以外其他重点污染源的主要大气污染物排污权交易工作在省级行政单位进行试点。基于此，本项目的方法学研究对应于排污权交易试点工作，即火电行业排污权交易方法学将从全国角度来研究，非电行业排污权交易方法学将从省级行政区角度来研究。

根据原国家环保总局《二氧化硫总量分配指导意见》（环发〔2006〕182 号）的相关规定，参考《湖南省主要污染物初始排污权分配核定技术方案》等资料，在总结各地试点工作的基础上，本着配额分配不超过总量控制水平、分配公平、有利于经济和环境协调发展、科学性与现实可行性等原则，以及综合分析各类分配方法优缺点及适用性，提出了考虑总量控制水平、行业平均水平、单位产值能耗等因素的配额分配方法：等比例削减法、物料衡算法及调整系数法相结合的方法，如图 2 所示。

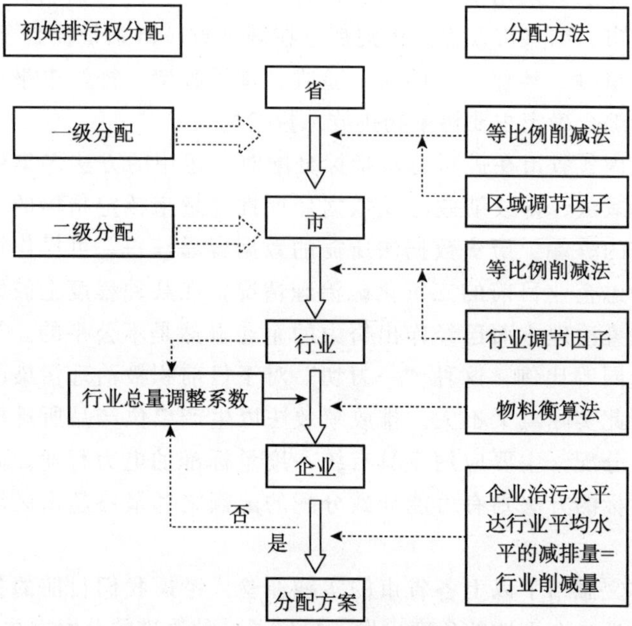

图 2　非电行业初始排污权分配方法

FIg. 2　Allocation methods of initial emission permits of non-electric industry

初始排污权分配分为两级，一级分配和二级分配，一级分配主要是初始排污权的行政区之间的区域分配，一般的是从省到市的指标分配；二级分配主要是各市辖区内企业的初始排污权分配。

4.1　一级分配（省—市）

一级分配中采用“等比例削减法”结合区域调整系数，将指标分配各地级市。现阶段，由于容量总量的缺失，各地区大都以目标总量来确定区域污染物排放总量。总量确定方法为：各省根据国家“十二五”规划下达的污染物排放总量控制、削减指标，综合考虑经济社会发展规划等因素，确定基准年和削减率，核算全省配额分配总量和各地级市的污染物允许排放总量；各地级市根据省级政府下达的最高允许排放量，确定自身的配额分配总量。

4.2 二级分配（市—企业）

二级分配是政府—企业之间的分配，考虑行业总量控制，所以分配思路为：先将结合行业调整系数将指标分配到各行业，根据行业调整政策，进行企业的初始排污权分配，具体做法如下。

4.2.1 行业初始排污权分配——等比例削减法

采用“等比例削减法”实现政府到行业的分配。在经济社会发展过程中，区域经济社会发展的产业结构不同，产业调整政策也存在差别。政府可以从指标配额分配方面以增加或减少行业配额比例的方式，或者以降低或提高污染物削减率的方式对相关行业发展给予鼓励或限制。

4.2.2 行业到企业的分配

运用物料衡算法可以根据企业原料、燃料的消耗情况及企业污染治理水平来核算企业二氧化硫的排放。

1）行业削减量核算（$Q_{行,削减}$）与行业污染允许排放量核算（$Q_{行业}$）

在行业污染物排放总量确定的前提下，首先从行业总量控制的角度，核算行业削减量，进而确定某时期行业污染允许排放量。

2）企业污染产生量核算（$Q_{企业产生}$）

用物料衡算法核算行业内各企业的污染物排放量。

3）企业初始排污权分配方法

判断1。如果企业污染物产生量并未超出行业允许排放总量（$Q_{行业}$），则按照物料平衡法核算的企业排放量（$Q_{企业产生}$）进行分配；如果企业污染物产生量超出行业允许排放总量，则进行下一步的分解，即$\sum Q_{企业产生} \leqslant Q_{行业}$，根据企业污染产生量进行指标分配；否则，进行进一步的判断。

判断2。考虑将直排企业及污染处理技术落后企业的污染治理技术水平提高到行业平均水平，核算减排量（$Q_{削减,技术达行业平均水平}$），并与行业削减量进行对比。

如果行业污染物削减量（$Q_{行,削减}$）小于企业技术水平达行业平均水平后的削减量（$Q_{削减,技术达行业平均水平}$），则对行业治污水平低于行业平均治污水平的企业进行排放量削减，初始排污权配额按其技术水平达到行业平均水平后的污染排放量进行分配；对行业治污水平处于行业平均水平或高于行业平均水平的，按照现状排放量来进行初始排污权的分配，不削减。

如果行业污染物削减量（$Q_{行,削减}$）大于企业技术水平达行业平均水平后的削减量（$Q_{削减,技术达行业平均水平}$），考虑等比例削减法，核算行业总量控制系数，使行业内的企业按照等比例进行削减。使行业内所有企业污染物之和控制在行业总量分配范围内，从而实现从行业到企业的分配。这种分配方法既能体现区域总量控制，又能实现行业总量控制，将排污权指标分配到企业中。

综上，非电行业初始排污权分配需遵循以下原则。

原则一：行业内指标配额分配时，首先考虑污染处理水平较低的企业达到行业污染治理平均水平，如增设脱硫设施提高脱硫率，核算由此带来的污染减排量（$Q_{削减,技术达行业平均水平}$），若 $Q_{削减,技术达行业平均水平}$ 高于行业减排量，则处理水平较高的企业按照现状排放量分配指标；若 $Q_{削减,技术达行业平均水平}$ 减排量较小，不能完成行业减排量，剩余减排量在行业内各企业间进行等比例削减。

原则二：物料衡算法主要计算点源的大气污染物排放量，核算出的企业排污量之和很可能会超出区域总量控制范围，所以，用确定的区域及行业允许排放总量来修正分配量。

5 结论

本文提出的初始排污权分配方法，既考虑了企业的污染治理水平，又基于行业和区域总量控制进行了数据的修正，提高了指标分配的现实可操作性，为排污权交易顺利进行奠定了基础。

参考文献

[1] 王金南．中国的排污权交易：实践与创新．北京：中国环境科学出版社，2010.

[2] Coase R H. The problem of social Cost. Journalof Law and Economics，1960，3（1）：1-44.

[3] Hahn R W. Market power and transferable propertyrights. Quarterly Journal of Economics，1984，99（10）：753-765.

[4] Westskog H. Market power in a system of tradable CO_2 quotas. Energy Journal，1996，17：85-103.

[5] Malik A S. Further results on permit markets with market power and cheating. Journal of Environmental Economics and Management，2002，44：371-390.

[6] Athanasios K. Selecting permit allocation rules for agricultural pollution control：A bargaining solution. Ecological Economics，2003，47：135-147.

[7] Cramton P，Kerr S. Tradable carbon permit auctions how and why to auction not grandfather. Energy Policy，2002，30（4）：333-345.

[8] Cason T N, Gangadharan L. Transactions cost in tradable permit markets: an experimental study of pollution market designs . Journal of Regulation Economics, 2003, 23 (2): 145-165 .

[9] 王勤耕，李宗恺，陈志鹏，等．总量控制区域排污权的初始分配方法．中国环境科学，2000，(01)：68-72.

[10] 徐斌，施介宽，秦艳．总量控制区内功能区排放负荷的风频分配法研究．上海环境科学，2001，(01)：7-10，47.

[11] 马晓明，王东海，易志斌，等．城市大气污染物允许排放总量计算与分配方法研究．北京大学学报（自然科学版），2006，(02)：271-275.

[12] 刘娜，谢绍东．中国不同经济区域大气污染总量分配方法的选择研究．北京大学学报（自然科学版），2007，(06)：803-807.

[13] 蒋秋静，李跃宇．太原市二氧化硫排污权交易配额分配方法研究．太原理工大学学报，2007，(01)：63-66.

[14] 赵文会，高岩，戴天晟．初始排污权分配的优化模型．系统工程，2007，(06)：57-61.

[15] 赵勇，王清．可分离物品拍卖及污染物排放总量分配方法．系统工程学报，2008，23 (02)：208-214.

[16] 李海涛，李朋，刘志红，等．大气污染物削减总量分配的新方法．有色冶金节能，2008，(05)：57-63.

[17] 王丽梅．一种排污权初始分配和定价策略．技术与市场，2010，17 (01)：26-27.

[18] 王乖虎，万继伟，辛国兴．区域污染源排污总量分配方案初探．环境科学与管理，2010，35 (02)：9-12.

[19] 封金利，杨维，施爽，等．水污染物总量分配方法研究．环境保护与循环经济，2010，30 (6)：34-37.

[20] 朱法华，王圣．SO_2 排放指标分配方法研究及在我国的实践．环境科学研究，2005，18 (4)：36-41.

[21] 刘耀．我国大气污染物总量控制污染负荷分配研究．广州：中山大学硕士学位论文，2007.

秸秆禁烧困境及其政府规制工具选择①

□ 张会恒②

（安徽财经大学经济发展研究中心）

摘要：多年来，各地秸秆焚烧现象屡禁不止，政府秸秆禁烧的严管重罚手段未起到显著作用，出现了秸秆禁烧的规制困境。本文认为困境的根源在于未处理好利益关系的协调。解困的思路是：中长期看，政府要鼓励企业加快秸秆利用的科学研究和成果转化，降低处理秸秆的成本。政府还要出台扶持性产业政策，促使秸秆产业健康成长，让市场解除秸秆禁烧的困境。中短期看，政府规制仍然是当前解决秸秆焚烧问题的主要手段，但要选择有效协调各方利益关系的规制工具组合。

关键词：秸秆禁烧　命令控制型规制　经济激励型规制　环境自愿协议

The Predicament of Prohibiting Burning Straw and the Regulatory Tool Selection

Zhang Huiheng

Abstract: Over the years, the phenomenon of burning straw around still exist despite repeated prohibitions, and the strict control and heavy penalties from government seem play little effect. That is why the regulatory predicament appeared. This paper argues that the root of this predicament is not well coordinate the interests relationships. The thinking of out of the predicament is: From medium to long-term perspective, our government should encourage enterprises to accelerate the scientific research on the usage of straw and its achievements into practice, which purpose is to reduce the cost of processing straw. In addition, enabling industrial policy should be introduced to promote

---

① 基金项目：2010年国家教育部规划课题“规制影响评估制度在我国政府规制质量提升实践中的应用研究”（批准号：10YJA790245）。

② 张会恒，通信地址：安徽省蚌埠市宏业路255号；邮编：233041；邮箱：awit@sohu.com。

the straw industrial healthily growth, let the predicament solved in the market. From the short to medium term perspective, government regulatory is still the primary means to out of the predicament, but should select the effective combination of regulatory tools to coordinate the interests of all parties.

Key words: Straw prohibiting burning　Command-Control-Type regulatory　Economic incentives regulatory　Voluntary environmental agreemen

我国种植业在农业中所占比重很大，每年小麦、水稻、玉米、薯类、豆类、油料、棉花、甘蔗和其他农作物产生的秸秆总量达 7 亿多吨，并且农作物秸秆总量呈逐年大幅增加的趋势。在过去，大多秸秆直接作为农村的生活燃料和饲料被利用。当前，在直接利用的比例大幅度减少、其他利用方式无经济效益或经济效益不明显的情况下，我国大部分地区都采用直接焚烧的方式将部分秸秆处理掉。秸秆焚烧带来浪费资源、损害健康、影响交通等危害。多年来，各地秸秆焚烧现象屡禁不止，政府秸秆禁烧的严管重罚手段未起到显著作用，出现了秸秆禁烧的规制困境。

1　秸秆焚烧与秸秆禁烧困境

1.1　秸秆禁烧

除 1997 年 5 月、6 月及 1998 年，农业部发出秸秆禁烧的 3 个通知外，1999～2012 年，国家环保总局共下发 9 个有关秸秆禁烧的管理办法和通知（表 1）。

表 1　秸秆禁烧规制文件一览表

Tab. 1　The Documents on Straw Prohibiting Burning

文件名称	文号
《关于严禁焚烧秸秆，切实做好夏收农作物秸秆还田工作的通知》	农业部（1997 年 5 月）
《关于严禁焚烧秸秆做好秸秆综合利用工作的紧急通知》	农业部（1997 年 6 月）
《关于严禁焚烧秸秆保护生态环境的通知》	农业部（1998 年）
《关于发布秸秆禁烧和综合利用管理办法的通知》	环发〔1999〕98 号
《关于做好 2001 年秋季秸秆禁烧工作的紧急通知》	环发〔2001〕155 号
《关于加强秸秆禁烧和综合利用工作的通知》	环发〔2003〕78 号
《关于进一步做好秸秆禁烧和综合利用工作的通知》	环发〔2005〕52 号
《关于进一步加强秸秆禁烧工作的紧急通知》	环办〔2007〕68 号
《关于进一步加强秸秆禁烧工作的通知》	环办〔2008〕22 号
《关于做好 2009 年秋季秸秆禁烧工作的通知》	环办函〔2009〕712 号

续表

文件名称	文号
《关于做好 2011 年秸秆禁烧工作的紧急通知》	环办〔2011〕78 号
《关于做好 2012 年夏秋两季秸秆禁烧工作的通知》	环办函〔2012〕561 号

资料来源：根据农业部网站和国家环境保护部网站信息整理

从 2004 年夏收开始，原国家环保总局环境监察局利用国家卫星气象中心遥感技术，对全国主要农作物区域实施秸秆焚烧在线监控，并将每日秸秆焚烧情况在网站上公布，以督促地方采取相应措施制止焚烧行为。

同时，秸秆焚烧也日益引起各地政府的重视，我国主要的农区——河北、河南、山东、江苏、安徽等省份及其下属的市县（区）更是制定了各种禁烧管理细则并投入大量人力物力死看硬守。

1.2 禁烧困境

然而，秸秆禁烧使政府和农民都处于两难境地。政府不禁烧，秸秆焚烧带来的危害必然会形成公众对政府不作为的强大压力；禁烧，花费大量人力和财力却屡禁不止，干部喊头疼。农民不焚烧秸秆，就会耽误农时，还要负担秸秆处理成本；就地烧掉秸秆，政府又“严管重罚”，农民有怨声。于是，在禁烧是政府的职责所在、焚烧是农民的理性选择逻辑下，就出现了秸秆禁烧的困境。通过以下 3 个方面可以体现秸秆禁烧困境。

1.2.1 秸秆禁烧规制文件

1997～2012 年，历时 16 年国家共下发 12 个秸秆禁烧的规制文件，各省市、县（区）还有一些相应的规制文件。农业部在主管秸秆禁烧工作的两年内连续下发 3 个文件，而秸秆焚烧仍然得不到控制且呈愈演愈烈之势。1998 年政府机构改革后，按国务院职能分工，秸秆禁烧执法工作落实到了国家环保总局。1999～2007 年，每两年出台一个秸秆禁烧文件。2008～2012 年，基本上是每年都要发布一个禁烧文件，可见秸秆禁烧之困难。原国家环境保护总局局长解振华[1]早在 2000 年就要求要按照《秸秆管理办法》的要求，在大中城市要逐步扩大禁烧区的范围，到 2002 年实现全面禁烧。但是到了 2012 年，秸秆禁烧仍然是要解决的一个问题。

1.2.2 秸秆焚烧遥感监测统计数据

2004 年国家卫星遥感监测数据表明，“我国主要农区夏季共监测到 61 个市、208 个县的火点数 2481 个，禁烧区内共有火点数 910 个。秋季共监测到 62 个市、144个县的火点数697个，禁烧区内火点数286个”[2]。2005年夏季通过卫星遥感监测到火点3902个，影响78个地区、346个县，高于2004年的同期监测。秋季共监测到火点数502个，影响55个地区、135个县，略低于2004年的同期监测[3]。2007年5～6月，我国主要农区焚烧秸秆火点数分别为280个、1013个、357个、592个和577个，比2006年同期均有不同程度的增加[4]。截至2008年6月16日，安徽、河南、江苏、山东、湖北、陕西、河北等省秸秆焚烧火点数分别为838个、674个、269个、171个、134个、43个、11个，大面积的焚烧秸秆问题未得到有效解决[5]。截至2012年，安徽、河南、江苏、山东、湖北、陕西、河北等省大面积的焚烧秸秆问题也未得到有效解决，检测到的火点数总体趋向不断增加。

1.2.3 报刊关注度

根据中国知网中国重要报纸全文数据库文献检索，以秸秆焚烧或秸秆禁烧为主题的文章数在2001～2010年逐年增加，其中2006年之后有大幅度的提高。而2011年比2010年有所减少，但仍有261篇（表2）。

表2 中国重要报纸全文数据库以秸秆焚烧或秸秆禁烧为主题的论文数量

Tab. 2 The number of papers on the subject of straw burning or straw prohibiting burning in China core newspapers full-text database

项目	2001年	2002年	2003年	2004年	2005年	2006年	2007年	2008年	2009年	2010年	2011年
数量/篇	7	8	15	19	38	144	181	266	314	338	261

根据中国知网学术期刊数据库文献检索，以秸秆焚烧或秸秆禁烧为主题的论文数在2001～2010年逐年增加（表3），与中国重要报纸全文数据库文献检索保持高度的一致性。秸秆禁烧或秸秆焚烧多年来不仅是媒体关注的焦点问题，也是学术界探讨的问题。可见，解决其的困难。

表3 中国知网以秸秆焚烧或秸秆禁烧为主题的论文数量

Tab. 3 The number of papers on the subject of straw burning or straw prohibiting burning in China academic journals full-text database

项目	2001年	2002年	2003年	2004年	2005年	2006年	2007年	2008年	2009年	2010年	2011年
数量/篇	18	22	34	29	36	47	60	89	96	98	88

2 秸秆禁烧规制困境产生的原因

2.1 学术界对秸秆禁烧规制困境产生的原因分析

多年来，秸秆焚烧屡禁不止的现象引起社会各界的广泛关注和讨论。政府部门、学术界和新闻媒体对秸秆禁烧规制困境产生的原因进行了分析。归纳起来，不外乎以下几个方面。

2.1.1 农业生产现状所致

农业生产现状导致困境产生的具体分析如下。①农业结构不合理。有人认为我国种植业在农业中所占比重过大，产生了过多的秸秆；提出通过加快农业结构调整减少秸秆生成量。②农业机械满足不了要求。有些农地地处半丘陵地带，田埂多且高，机械运作困难；有的地方道路狭窄，机械根本进不去田地。企业雇人进行打捆、搬运，增加人力成本。③农田腾茬时间短。夏收季节，割完小麦就要种水稻，农民不愿意因处理秸秆而耽搁播种时间。④农村劳动力不足。近年农村因劳动力外出打工而锐减，而外出打工的收入远大于在家处理秸秆的收入。⑤传统的秸秆利用方式相继被淘汰。秸秆作为耕牛饲料的使用量减少，农民生活用秸秆数量大幅度减少；化肥的大量使用降低了秸秆沤肥还田率，使秸秆逐步退出其作为牲畜棚舍等建材使用领域。以上原因导致在秸秆数量不断增加而又需要在短时间内处理的情况下，现有的农业机械满足不了这个要求，企业雇人进行打捆、搬运，又会增加人力成本，使企业无利可图。在劳动力不足和秸秆收购价格太低的情况下，农民只有“一烧了之”。

2.1.2 技术创新不足所致

技术创新能够开发秸秆新的用途并降低秸秆利用成本，进而提高其利用的经济效益。具体看，①技术创新可以降低农民“秸秆还田”成本。②技术创新为企业低成本收购、运输、加工秸秆提供技术支持。③技术创新为企业利用秸秆实现工厂化、规模化提供技术保障。目前，企业在秸秆收购、运输、加工和利用方面的研究与开发投入显然不足。这些因素导致农民秸秆还田不划算，企业利用秸秆无收益。秸秆因无法带来利益而被白白烧掉。

2.1.3 秸秆产业发展受困所致

只有使秸秆产业健康成长，将秸秆由农民的废弃物变成产业发展的经济资源，才可以消除秸秆焚烧的物质根源。秸秆产业主要包括：秸秆工业化利用产业，如化工制取、造纸及纤维板材制造；秸秆饲料产业，如预混饲料；秸秆肥料产业，如生物菌剂制肥；秸秆燃料产业，通过秸秆气化炉转化成高效燃料。但是，秸秆产业发展却受到一些因素的阻碍，使其在艰难中成长。①秸秆技术未取得突破，未能实现秸秆加工的工业化、规模化和效益化。②由于机器投入、人力成本和运输成本组成的收购成本过高，产生的效益往往比付出的成本还低，企业根本运转不下去。③政府对秸秆回收和加工企业补贴的资金有限，对秸秆综合利用产业扶持不够。这就造成了农作物的秸秆多，进行回收的企业少，剩余的秸秆只有被烧掉。

2.1.4 政府规制效率低下所致

规制手段是“堵”，综合利用是“疏”，地方政府规制“重堵轻疏”。“堵”的办法在秸秆禁烧实践中主要体现在命令控制型规制上，这也是政府规制采取的主要工具，它容易引起规制者与被规制者的对立而降低效率。

2.2 没有选择有效协调各方利益关系的规制工具组合

从理论上看，秸秆焚烧会产生负外部性，即农民焚烧秸秆让他人和社会受损，造成环境污染、影响交通等，但却没有承担应有的成本。如果没有政策规制，作为理性经济人的农民将不会自动采取措施来减少污染。秸秆禁烧则是解决这种负外部性的政府规制手段，即政府禁止污染，对相关的污染进行罚款或者收费，让污染者承担相应的社会成本的手段。从现实看，秸秆焚烧是农民的必然选择。梅付春[6]以河南省信阳市秸秆处置情况为例，对秸秆焚烧污染问题的成本-效益进行了分析，得出“焚烧秸秆是农民在通常的秸秆处置方法处置成本过高情况下不得已的选择”的结论。韩宏华和陆建飞[7]认为，在农民收入和秸秆利用成本之间，如果秸秆利用的机会成本大于农民打工或从事其他农业生产带来的收入，则秸秆会被充分利用，否则农民只会选择以焚烧处理秸秆。所以，为了维护公共利益就需要政府规制。

秸秆焚烧之所以长期禁而不止，根本原因还是在于利益关系没有理顺。秸秆循环利用的私人效益却小于私人成本，这个差额应该由谁来承担？理论上讲，这个差额应当由焚烧秸秆的农民承担。但是，如果由农民承担，承担主体就没有循环利用的动力。如此，农民还是觉得一烧了事。因此，解决秸秆焚烧难题的出路是这种私人成本中的部分成本应由政府承担。比如，由政府购买相关粉碎车具，走乡串村，对农民进行免费服务，或者由政府出资将秸秆运走，进行循环利用等。从经费来源考虑，既然每年为秸秆焚烧规制投入巨大物力人力却收效不佳，倒不如省下这笔费用用于提供公共服务[8]。推行秸秆禁烧，如果忽视农民利益，而只是单纯强调加强执法或是加大宣传力度，自然站不住脚[9]。

从中短期看，在农业生产状况、技术创新水平、产业发展程度不可能有大的改变前提下，政府规制仍然是当前解决秸秆焚烧问题的主要手段，但要选择有效协调和平衡各方利益关系的规制工具组合。政府环境规制的工具可以分为命令控制型环境规制工具、经济激励型规制工具，以及环境自愿协议规制工具。因此，当前的任务是根据现实情况和发展趋势动态选择有效协调利益相关者的规制工具组合，特别是要考虑农民在处理秸秆时的利益补偿。

3 秸秆禁烧规制工具的选择

3.1 命令控制型规制工具

命令控制型规制指政府采用直接行政命令加上严格的监督和执法，通过管理生产过程或产品使用来限制特定污染物的排放，或在特定时间和区域内限制某些活动等直接影响污染者的环境行为方面的制度措施。具体的手段多种多样，如标准、禁令、许可证、配额、使用限制等。秸秆禁烧中采取的手段主要是禁令，1999 年国家环保总局会同农业部、财政部、铁道部、交通部、民航总局共 6 部门下发了《秸秆禁烧和综合利用管理办法》及以上所列农业部和国家环保局多次下发的“通知”就属于命令控制型规制。例如，《秸秆禁烧和综合利用管理办法》第四条规定，“禁止在机场、交通干线、高压输电线路附近和省辖市（地）级人民政府划定的区域内焚烧秸秆。省辖市（地）级人民政府可以在人口集中区、各级自然保护区和文物保护单位及其他人文遗址、林地、草场、油库、粮库、通信设施等周边地区划定禁止露天焚烧秸秆的区域。秸秆禁烧区范围：以机场为中心、以 15 公里为半径的区域；沿高速公路、铁路两侧各 2 公里和国道、省道公路干线两侧各 1 公里的地带”。

它具有以下特点：①强制性。其手段和方法主要以具有强制性的行政、法律手段为主，以实现对社会的强力控制。②单向性。政府的行政命令是单向传递的，市政府压到区政府，区政府压到镇政府，镇政府到村到户，即由上而下的单向传递。它导致上下之间缺少沟通与互动。③应急性。每逢秸秆焚烧季节，发公告，下责任状，基层干部蹲点看守，上级领导夜间查询。虽然短时间内有可能奏效，但是也有可能产生一系列不良后果。

虽然这些行政手段看似严厉，在规制焚烧秸秆污染中也起了很大作用，但其只能在一定程度上约束农民的行为，而不能从根本上解决农民的利益需求。因为，命令控制型规制禁止焚烧秸秆就等于阻止农民向社会转嫁秸秆处理成本，强迫农民自己支付处理秸秆的费用，自然会受到农民的抵触[10]。命令控制型规制下经济目标和环境目标是矛盾的，有助于一个目标实现的措施必定会损害另一个目标，因此环境规制成为政府与农民之间的一种角力战，规制效果自然也就不太理想。

然而，尽管在经济性规制领域放松规制成为浪潮，但在包括环境保护领域的社会性规制领域，命令控制型规制以其实施效果的可确定性和特别适于处理公害事件等优势至今依然是在大多数国家处于主导地位的管理方式，我国也不例外。在秸秆禁烧方面，命令控制型规制仍然有存在的必要性，除了禁令外，其他工具如标准、许可证、配额、使用限制等也不太适合秸秆禁烧规制工作。但是，命令控制型规制还存在执行成本很高、规制者疲于应付成为“消防员”、“上有政策，下有对策”及不利于技术创新等问题。所以，需要其他规制工具配合命令控制型规制。

3.2 经济激励型规制工具

20 世纪 80 年代末以来，建立在更灵活及符合成本效益基础上的、以环境税费和排污许可交易为代表的经济激励型规制手段成为一些国家的环境政策实践，主要工具有排污收费制度、国家补贴政策、排污权交易、生态保险等。秸秆禁烧中采取的手段主要是罚款和补贴，这在各省、市、县、乡发布的秸秆禁烧文件中表现得尤为突出。例如，河南省襄城县 2011 年规定“每焚烧一处（1 平方米为 1 处，一亩为五处），罚款 1 万元。对于市、县发现的第一把火，除了市给予经济和行政处罚外，县禁烧领导小组还要对该乡镇进行通报批评，县禁烧办对该乡镇罚款 5 万元，县监察局对该乡镇效能告诫一次”[11]。安徽省蚌埠市淮上区“对乡镇、行政村实行秸秆禁烧保证金制度，各乡（镇）党委书记、乡（镇）长、分管秸秆禁烧工作的副乡（镇）长每人要缴纳 2000 元的秸秆禁烧保证金。上述人员如能完成市政府目标任务，全额返还保证金，每人额外奖励 5000 元；如完不成市政府目标任务，缴纳的保证金不予返还。对辖区内没有发生焚烧秸秆行为的行政村，村党组织书记、村委会主任每人奖励 3000 元；对每发生一起秸秆焚烧行为的行政村，村党组织书记、村委会主任每人罚款 200 元。凡是秸秆没有焚烧的农民，每亩对其补助资金 20 元。对在我区辖区范围内设置收购点，夏收、秋收期间坚持定点收购的经纪人，对其购置的秸秆处理设备予以财政补贴，中小型设备补助购置费的 40%，最高补助金额不得超过 10 万元”[12]。

经济激励型规制工具具有以下特点：①诱导性。经济激励型规制通过税费手段和建立市场的办法激励环保，规制重在以利益引导为价值导向，让主体有选择行为的权力，以求以最低的成本达到所需的规制效果，从而抛弃自上而下的纯粹强制禁止方式。②间接性。由于焚烧秸秆基本上是农民个人行为，焚烧后即离开现场，因而违法责任人难以受到追究。所以，罚款更多的是针对基层政府管理者，罚款金额大和行政处罚力度大，这也往往造成基层的抵触心理，甚至和农民产生某种程度的默契。补贴也大多是针对收购的经纪人而不是农民。

③标准不一。依照《中华人民共和国大气污染防治法》第五十七条的规定，露天焚烧秸秆“情节严重的，可以处二百元以下罚款”[13]。按《秸秆禁烧和综合利用管理办法》第八条规定，“对违反规定在秸秆禁烧区内焚烧秸秆的，由当地环境保护行政主管部门责令其立即停烧，可以对直接责任人处以20元以下罚款”。一些地方将处罚的金额定在一堆火处罚1000元、几千元甚至上万元，标准不一且缺乏法律依据。

经济激励型规制工具中的罚款和补贴往往是和命令控制型规制工具中的禁令配合使用。但是罚款的实施存在一些困难，正如以上谈到罚款标准不一，缺乏法律依据；违法责任人难以认定；对规制者的罚款容易产生副作用等，所以应当取消。补贴工具自身设计应科学，比如补贴力度应能基本满足甚至超过农民或企业的机会成本，补贴对象选择农民还是秸秆收购企业或加工企业、补贴在秸秆还田、清运，收购、加工等环节的选择，补贴发放程序科学化等，补贴资金来源包括用于禁烧规制成本的节约、原有的财政补贴资金及机场、高铁等利益相关者出资等。

3.3 环境自愿协议规制工具

秸秆禁烧中农民的参与度不高或者说是被动参与及在环境问题上的态度消极，是导致秸秆禁烧效果不明显的主要原因。环境自愿协议是指环境的被规制主体与规制主体之间，在后者的支持与鼓励下，前者按照预期的环境保护目标、在自身利益的驱动下、在自愿的基础上与前者达成的协议，并签订正式的自愿协议合同，在协议中提出环境目标，明确各自的环境保护责任和权利。环境自愿协议可以被看做是传统环境政策手段的补充和完善。自日本1964年首先实施环境自愿协议以来，环境自愿协议规制工具20世纪80年代后在欧美发达国家得到迅速的运用。

环境自愿协议作为国际上采用最多的一种非强制性环境规制措施，与其他环境规制手段相比，它具有以下特点[14]：①较强的灵活性。环境自愿协议可使被规制者能比较自由决定如何达到环境规制目标，这使得被规制主体能采取与特定情况相适应的有效解决办法，这时被规制者的选择余地大大加强。②较好的成本有效性。与强制性规制手段相比，政府通过环境自愿协议可以用降低信息收集成本、降低监督成本较好地实现环保目标。③较易培养环保理念。环境自愿协议在实现环保目标的过程中，还能逐步培养企业与公众环保理念。

其实，在秸秆焚烧中的利益主体除了政府、农民、市民外，还有深受秸秆焚烧影响的机场和高速公路等企业。飞机落不下来、飞不起来，高速公路关闭或秸秆焚烧烟雾引起的交通事故又损害了这些企业的经济利益，要想通过不让农民焚烧秸秆解决企业的利益问题，那些受益的飞机场、高速公路等部门就应当承担一定的责任，出资金解决农民秸秆焚烧问题。当然，按照经济学原理，应当让农民为其焚烧秸秆的行为带来的“负外部性”付费，但是，在秸秆焚烧过程中确定谁污染的、又污染了谁的空间是很难的。在产权界定不清晰的情况下，如果换一种思路，即让机场和高速公路等企业购买清洁空气，问题就容易得到解决。因此，在环境自愿协议中应加入相关企业这一利益主体，政府、企业和村委会等中介组织作为不同利益的代言人，共同参与协议的制定，表达自己的利益，达成共识，以契约的形式形成协议，各方按协议行事。

环境自愿协议有利于激励农民实施循环经济和相关利益主体的参与，相对于政策法规的硬约束，农民更愿意选择自愿式的协议方式。在秸秆禁烧规制中，首先要充分发挥村委会所起到的政府和农民的第三方的作用，避免在环境自愿协议的磋商签订过程中，由政府与单个农民进行磋商将会产生巨大的谈判成本和后续的监督成本。其次要明确禁烧目标。再次政府要制定经济激励为主、精神激励为辅的鼓励和惩罚措施。最后是做好对农民禁烧的监督和评估。国外和国内试点实践均表明，合理的激励政策选择和设计是环境自愿协议能否成功的关键，我国应该加大财政、税费、信贷、公众参与等相关政策资源的创新力度，积极为实施环境自愿协议提供支撑[15]。

4 结论及建议

总之，既要坚持使用对秸秆实行禁烧的禁令规制工具，以确保公众享有清洁空气和安全出行的利益，又要取消罚款，走向以补贴为主的经济激励规制工具，以确保对焚烧秸秆行为主体的直接利益补偿；同时，我们应借鉴发达国家环境规制中鼓励型政策中的自愿合作指导思想，在我国的秸秆禁烧环境规制中尝试使用环境自愿协议工具，以确保机场、高速公路等利益相关者的利益和承担相关责任。为此，提出以下政策建议。

（1）秸秆禁烧规制的常态化工作和时令性工作相结合。改变过去在秸秆禁烧规制中习惯于事中和事后应急处理的“救火员”角色，转而以事前防范为主的工作机制。

（2）变规制权力的单向运动为规制者与被规制者双向互动相结合。规制政策的制定要允许各个利益集团之间展开平等对话，共同参与问题的认定和解决问题的办法，就会变原来的权力单向运动为权力双向互动协商合作方式。

(3) 强制性规制和非强制性规制相结合。实现秸秆禁烧必须采取有效的激励和监督措施，充分调动农民的自觉性，从被迫走向自愿。

(4) 变惩罚为主为惩罚与奖励相结合。政府既要对秸秆禁烧政策的违规者给以适当的处罚和教育，更应该对执行青储饲料、秸秆还田等政策的农民一定的奖励或补助。要改变“重处罚”的思路，出台奖补政策。

(5) 变秸秆禁烧为秸秆技术应用与发展秸秆产业相结合。政府要合理发展相关秸秆产业，拓宽秸秆市场，以便在提高农民秸秆净收益的基础上使农民加快秸秆的有效利用，让市场去引导农民走出焚烧秸秆的怪区。

参考文献

[1] 解振华．认清形势，总结经验，严格执法 努力开创秸秆禁烧和综合利用工作的新局面——在全国秸秆禁烧和综合利用工作会议上的讲话．国家环境保护总局文件．环发〔2000〕136 号.

[2] 环境保护部．环境保护部关于进一步做好秸秆禁烧和综合利用工作的通知．环发〔2005〕52 号.

[3] 步雪琳．秸秆禁烧工作尚需大力推动．中国环境报，2006-06-30 (001).

[4] 环境保护部．关于进一步加强秸秆禁烧工作的通知．环办〔2008〕22 号.

[5] 环保部宣传教育司．环境保护部农业部通报重点省市秸秆禁烧工作进展．http：//www.zhb.gov.cn/gkml/hbb/qt/2009/0/t2009/023_180156.html [2008-06-24].

[6] 梅付春．秸秆焚烧污染问题的成本-效益分析——以河南省信阳市为例．环境科学与管理，2008，(1)：30-37.

[7] 韩宏华，陆建飞．农作物秸秆焚烧污染治理的政策分析．生态经济，2009，(12)：173-175.

[8] 付克友．用公共服务来解决秸秆焚烧难题．成都商报，2010-05-29 (03).

[9] 徐琦．秸秆之祸谁之过？中国环境报，2012-06-19 (005).

[10] 襄城县人民政府．关于印发 2011 年夏季农作物秸秆禁烧和综合利用工作方案的通知．襄政〔2011〕19 号.

[11] 蚌埠市淮上区．关于印发淮上区 2012 年秸秆禁烧工作方案的通知．淮政办〔2012〕18 号.

[12] 中华人民共和国主席令：第三十二号．中华人民共和国大气污染防治法．http：//www.gov.cn/ziliao/flfg/2005-08/05/content_20945.html [2000-04-29].

[13] 孙影．环境自愿协议及其在我国的实践．决策与信息（下半月刊），2008，(4)：110-111.

[14] 董战峰，王金南，葛察忠，等．环境自愿协议机制建设中的激励政策创新．中国人口·资源与环境，2010，(6)：118-124.

新型城市化发展与城市环境经济政策

□ 李明光[①] 关 阳
（广州市环境保护科学研究院）

摘要： 本文从新型城市化发展的内涵特征出发，结合环境管理模式的转型，提出了环境经济政策由目前的污染控制型向影响经济型转型及新汉代环境经济政策的设想，认为在新型城市化发展背景下，环境价值核算成为城市环境经济政策的研究基础，排污权交易是核心政策，生态补偿是主要政策，并提出了各自的主要研究方向。

关键词： 新型城市化 环境经济政策 城市

Analysis on the New Urbanization Development and City Environmental Economic Policies

Li Mingguang, Guan Yang

Abstract: The present paper puts forward an assumption of new generation of city environmental economic policy which transits from the current model of pollution-control to the future model of economy-influence from the point of the New Urbanization Development combined with the model's change of environmental management, and the environmental value accounting will be the basis, the Emitting Trade will be the core policy and the ecological economic compensation will be a major policy of city environmental economic policies under the background of the New Urbanization Development.

Key words: New urbanization development Environmental economic policy City

---

① 李明光，通信地址：广州市天河南一路 24 号 503；邮编：510620；邮箱：dfy2000@263.net。

1 引言

国家已经制定了“十二五”全国环境保护法规和环境经济政策建设规划，提出要积极推进环境经济政策的研究、制定和实施工作，到2015年形成比较完善的、促进生态文明建设的环境经济政策框架体系。国家提出的宏伟蓝图对地方是个巨大鼓舞，同时也需要地方的支持配合，特别是地方对环境经济政策的发展创新也可以对国家环境经济政策体系的建设起到重要的推动作用。但是，地方对环境经济政策的发展创新也需要抓住并充分利用地方发展理念创新的机遇。目前，新型城市化发展是目前国家和地方，特别是各大城市发展的重要理念，“十二五”时期环境经济政策的发展创新需要抓住地方推进新型城市化的机遇。本文就是从新型城市化发展的内涵特征出发，分析新型城市化发展对城市环境经济政策发展创新的机遇及城市环境经济政策在新型城市化发展背景下的初步框架。

2 新型城市化发展的内涵及特征

新型城市化是相对于传统城市化而言的，两者是我国城市化发展的两个阶段。传统城市化关注的是城市人口在总人口中的数量比重（即所谓的城市化率），为提高城市化率、促进经济增长而大力发展工业和城市，形成了农业支持工业、农村补助城市的格局，使得农村经济长期发展缓慢，社会发展远远滞后于城市，城乡差距日益扩大和固化。传统城市化导致的这种城乡分离二元结构目前已经严重影响社会的公平正义，也会阻碍城乡经济的进一步发展，已经到了难以为继的地步。

20世纪90年代末，有城市开始提出要走新型城市化道路，进入21世纪后，更多城市开始探索新型城市化发展实践，新型城市化发展的研究进展也很迅速。一般认为，新型城市化关注的不再是城市化率和城市化的速度，而是城市化的质量，在传统城市化的发展基础上，通过统筹城乡发展，城市反哺农村，来消除城乡二元结构，促进社会公平正义和经济持续发展。新型城市化是具有中国特色的政治形态、经济形态、社会形态和文化形态的统一体，它是解决“三农”问题的根本出路，是化解中国深层次矛盾的必然选择。

总的来看，新型城市化就是以创新发展、绿色发展、可持续发展为总原则，以提升城市创新发展和统筹区域城乡发展为标志，构建适应城乡一体化的政治体制、发展模式和公共参与体系[1]。要走新型城市化发展道路，必须做到“六个坚持”，即坚持在区域基础上实现创新发展与绿色发展；坚持实现城乡建设的可持续发展目标；坚持实现城乡人口、资源、环境、发展四位一体的互相统筹；坚持实现农村与城市的共同发展与和谐发展；坚持实现城乡公共服务的均等化要求；坚持以城乡之间和城际之间创造财富和分享财富的机会平等为标志，逐步达到减缓和消解城乡二元结构矛盾，达到共同富裕的新型城市化之路[1]。

国内很多城市结合自己城市的发展阶段，提出了对新型城市化发展的自身理解。以广州为例，广州是我国五大国家中心城市之一，2010 年第一产业比重仅为 1.75%，第三产业比重达到 61.0%，已经进入所谓的后工业化经济发展阶段。广州是在 2011 年年底第十次党代会上正式提出要走新型城市化道路的，认为新型城市化发展就是以科学发展观为统领，以实现人的全面发展为根本，走一条经济低碳、城市智慧、社会文明、生态优美、城乡一体、生活幸福之路，其特征是更加注重以人为本、更加注重可持续发展、更加注重创新发展动力、更加注重优化发展空间及更加注重城乡统筹发展。要实现新型城市化发展，核心在于创新城市发展理念，也就是“低碳经济、智慧城市、幸福生活”三位一体的城市发展理念，关键在于推进城市发展的战略性基础设施、战略性主导产业和战略性发展平台取得重大突破，魅力在于彰显城市特色，建设以山城、水城、花城为特点的生态城市，重点在于实施产业提升、科技创新、城乡一体、生态环保、文化引领、人才集聚、民生幸福、党建创新等八大工程，根本在于选人用人。可见，广州的新型城市化发展更加重视创新发展和绿色发展，为城市环境保护的发展、城市环境经济政策的发展与实践提供了大好机遇。

3 新型城市化发展与城市环境经济政策的关系

3.1 新型城市化发展与环境管理模式的转型

目前，我国城市环境保护面临的主要问题，从环境管理的角度来看是仍然是以污染控制为目标导向的环境管理模式不能适应经济社会迅速发展及人民群众需要的问题。这种模式对城市快速的经济社会发展只能被动响应，进行被动的污染控制而不能主动反馈。实施主动的引导或倒逼，导致整体环保工作处于被动局面，环境保护机制存在诸多问题，包括只重视城市污染控制设施的建设而不关注城市和农村环境质量，只重视对生产者的污染控制而忽视对全社会提供环境公共服务，只重视运用行政手段而忽视经济手段、法律手段和自愿参与手段进行环境管理，只重视强制性、应急性、治理性的机制建设而忽视内生性、主动性及预防性的机制建设等。城市环境经济政策整体推进比较缓慢主要也要归因于这种管理模式。

周生贤部长在2012年3月第二次全国环保科技大会上提出要实现环境管理模式的转型，要由以污染控制为目标导向的环境管理模式转向以环境质量改善为目标导向的环境管理模式，这种转型是加快经济发展方式转变的需要，是保障和改善民生的内在要求，是缓解环境压力不断加大的必然选择。以环境质量改善为目标导向的环境管理模式的标志是实施更加严格的环境质量标准，以环境质量目标倒逼经济结构调整，实现以环境保护优化经济增长。一方面，新型城市化更加注重以人为本，强调人是城市的主体，人的全面发展和幸福是城市化的终极目标，因而要求城市环境要为人而保护，要为人而美化，政府要以切实改善环境质量和环境安全，以保障市民健康为根本，为市民提供更优质、更均等的环境保护基本公共服务，因此必然要求环境管理模式加快向以改善环境质量为目标导向的模式转型。另一方面，新型城市化更加注重绿色发展和可持续发展，希望通过突出城市内涵提升和功能完善，实现经济发展与人口、资源、环境相协调，因而要求环境保护要更充分发挥优化经济发展的作用，要引领发展绿色经济，这就必然要求以环境质量目标来倒逼经济结构调整，而这是环境管理模式的标志。因此，环境管理模式转型也是新型城市化发展的必然要求。

3.2 环境管理模式与环境经济政策的转型

环境管理模式的转型对城市环境经济政策的发展意味着历史性机遇，同时也要求城市环境经济政策也要实现转型。目前的环境经济政策可以称为污染控制型的环境经济政策，其目的主要是更好地实施微观主体的污染物排放控制或者是筹集用来控制污染的资金，行政主导性强且多限于环保部门内部，是一种居于辅助或从属地位的政策机制。这类政策典型的是排污收费政策和主要污染物总量减排的财政奖励或补助政策等，近期兴起的排污权交易机制的设计思路主要也是为了实现总量控制。因此，这类城市环境经济政策与环境质量没有直接的、更多的科学联系，与城市经济发展也没有直接的、更多的联系，不能很好地适应城市自身情况，不够灵活，政策技术也十分粗放。目前，城市环境经济政策框架设计显得缺乏主线，偏重微观，宏观性不足，总的来看对城市经济社会的发展所起的引导或倒逼作用还很有限。

环境管理模式向以环境质量改善为目标导向转型，就必然要求：①重新认识环境质量的价值，包括经济价值；②研究环境质量改善或下降的经济总效应和边际效应；③研究这种经济效应如何反作用于经济发展和环境保护；④研究如何调控经济活动和环境保护以响应环境质量的变化。这样就必须从环境与经济发展这个更宏观的高度来设计研究城市环境经济政策。因此，未来新一代的环境经济政策应该是或者可以称为影响经济型（综合宏观型）的环境经济政策，其目的就是要宏观影响（引导或倒逼）城市经济发展，特别是改善城市经济结构，从而更好地实现环境保护的目的。

新一代的城市环境经济政策应该具有一些基本特点，包括：①宏观、综合、内生性。能够从宏观上影响城市经济发展（因此必须对环境价值进行重新认识），因此这类政策需要基本上都应在环境与经济综合决策框架下形成，环保部门要与其他经济部门密切合作，综合决策，这类政策因此能够全面渗透到各个经济部门（工业、农业和第三产业等）和全部经济环节中（生产、流通、分配及消费），能够深刻影响到人们的经济行为，使人们能够主动地加强环境保护。②环境敏感性和技术精细性。它对城市整体或区域的环境质量是敏感的（也对城市污染物的排放量是敏感的），能够响应城市环境质量的变化而对城市经济活动和环境保护进行调控，因此，政策开发技术要求精细化，除污染物排放量与城市环境质量的响应变化关系作为技术基础必须得到解决外，还要求比较准确地掌握环境质量改善或下降的经济效应及传导关系，以及反过来调控经济活动对环境质量改善的效应和传导关系，因此，环境经济政策的计算机模拟技术可能成为必需的。

4　新型城市化发展下城市环境经济政策的初步框架

4.1　以环境价值核算为基础的经济政策机制

目前，排污权交易、生态补偿、环境污染责任保险、环境损害赔偿等很多环境经济政策都应以环境价值核算为基础，因此环境价值核算事实上是环境经济政策研究和开发的基础技术。目前很多政策的设计事实上还没有深入到环境价值核算基础，未来新一代环境经济政策要更多地从环境价值核算的全过程来深入研究和创新设计。

环境价值问题是关系到人类可持续发展的一个关键问题。环境价值及其评价都是动态概念，与社会现实和人类发展阶段紧密相连[2]。目前，国内有一些城市仍然认为环境没有价值，或者是只认识到环境具有经济价值，而这种经济价值只是直接经济价值中的环境生产价值，也就是将环境要素直接作为生产要素进行生产的经济价值，因此导致出现大量浪费环境资源、争相降低环境成本（以降低生产成本）进行恶性竞争，环境质量恶化或长期不佳，城市经济社会发展反而受阻、城市竞争力反而下降的局面。

新型城市化发展要求必须对环境价值进行重新认识和评估核算。只有如此，才能摆脱环境无价或低价导致的发展瓶颈，才能真正注重以人为本，注重可持续发展，注重创新发展动力和统筹城乡持续发展。环境管理模式的转型也要求必须对环境价值进行重新认识，只有如此，才能从宏观上影响城市经济发展，为转型提供依据。新一代的城市环境经济政策必须以环境价值理论的创新研究为基础，才能成为宏观、综合、内生的环境经济政策。

环境价值是相对于人的需要而言的，环境价值的层次应该主要根据人类需要的层次来划分，由于人类需要有低层次和高层次之分，因此环境价值也具有低层次和高层次之分。环境价值不仅仅是经济价值，更不仅仅是直接生产价值，而是应包括经济价值、社会价值、生态服务价值及文化价值四类价值的综合体，而且从层次上来看，其中经济价值和社会价值是低层次的生存性价值，而生态服务价值和文化价值是高层次的发展性价值。要把环境价值从只关注直接经济价值拓展开来，创造、提升更高的环境价值，并且关注和强化真正能够提升环境价值的能力，才能够促进新型城市化发展。

环境价值的评估核算要包括各类价值的评估核算，但现阶段仍然要以环境经济价值的评估核算为重点。对于促进新型城市化发展而言，对环境价值的评估，使用简明形象化的指标来定性或定量评估环境价值的重要性比较重要，但对于城市具体的环境经济政策制定而言，核算则是必需的技术依据，需要将环境价值定量货币化作为政策制定的基础。环境价值评估核算的主要研究内容包括：①对各类环境价值的评估指标及评估方法；②对各类环境价值的经济核算的方法及标准，特别是建立具体城市的方法标准，提高环境价值核算的可比性和权威性；③建立环境质量变化对环境价值影响的定量响应关系，从而建立环境质量—环境价值—经济活动的响应关系；④绿色 GDP 及各经济部门、各经济环节的环境价值核算等。

4.2 排污权交易是核心政策

作为利用市场机制进行环境管理的典型手段，排污权交易强化了市场配置环境资源的作用，创新了环境保护的发展动力，将是城市环境保护走新型城市化发展道路的重大突破，对全社会环境保护的影响十分深远。排污权交易能够从宏观上影响城市经济发展，能够全面渗透到各个经济部门（工业、农业和第三产业等）和全部经济环节中（生产、流通、分配及消费），满足新一代环境经济政策对宏观、综合、内生性特点的要求，技术上也可以实现环境敏感性和精细化，因此，排污权交易有潜力成为新型城市化发展及新一代环境经济政策的核心政策。

要实现这样的作用，目前的排污权交易机制还要做面向市场的重大创新。目前的排污权交易行政主导色彩还比较浓厚，主要为了实现总量控制而设计，与总量控制机制结合得过于紧密，政府也还特别重视排污权交易的资金筹集功能，导致一级市场的指标分配和二级市场价格都还处于政府的重重干预之下，市场机制还很不完善和很不活跃，还没有充分发挥排污权交易对企业灵活、减少社会减排成本的特性。未来要特别重视研究与地方环境质量紧密相关的特征污染物的总量控制与排污权交易，使排污权交易机制能够比较宽松地设计，尽快实现排污权指标的自由申购和自由交易，提高排污权交易的公平性和交易效率，政府仅在必要时调控价格，抑制投机行为。排污权交易的主要研究内容还包括：①各个经济部门（工业、农业、第三产业等）内部及之间的交易理论、方法与技术；②各个经济环节（生产、流通、分配及消费）的交易理论、方法与技术；③与环境质量相关联的排污权交易评估方法与技术；④其他环境要素或非总量控制污染物的交易方法与技术等。

4.3 生态补偿是主要政策

新型城市化发展是为了消除城乡二元结构而被提出来的，目前在环境保护上也存在着严重的城乡二元结构，有研究表明，我国城乡环境卫生设施固定资产投资差距达到 9.8 倍，东部地区城乡基础设施完善程度差距分别达到 38 倍（生活污水）和 7 倍（生活垃圾），乡镇环保人员仅占全部环保人员的 3%[3]。生态补偿是生态受益地区或人群向承担社会生态环境保护成本的地区或人群提供的经济补偿，由于目前生态受益地区主要是城市及城市人口，承担社会生态环境保护成本的主要是农村地区及农村人口，生态补偿有助于维护社会公平正义，促使环境基本公共服务均等化，因此，生态补偿应该是走新型城市化发展道路的一项主要的城市环境经济政策。目前的城市生态补偿主要是生态公益林建设补偿等单一的生态补偿机制，基于主体功能区的生态补偿机制、生态环境功能区（如饮用水源保护区、湿地保护区、一般农用地等）及环境保护设施建设的补偿机制还未建立起来，生态补偿的标准主要还是基于行政方式或者是一般经济测算，以环境价值核算为基础的生态补偿相关方协商机制还没有建立起来，补偿资金的用途及使用方式等还没有明确。未来的研究主要是要扩展生态补偿的范围，健全生态补偿协调机制、补偿方法与标准及如何利用补偿资金等。

参考文献

[1] 牛文元．中国新型城市化报告（2011）．北京：科学出版社，2011.
[2] 王艳．区域环境价值核算的方法与应用研究．中国海洋大学博士学位论文，2006.
[3] 张彪．中国城市与农村环境保护的差距比较．环境科学与管理，2010，（4）：1-4.

综述评论

Reviews and remarks

国际环境政策评估方法研究最新进展

□ 董战峰[1①]　张　慧[2]　张　炳[2]　高　玲[1]　葛察忠[1]

(1. 环境保护部环境规划院；2. 南京大学环境学院)

摘要：开展环境政策评估是环境政策制定和实施的关键环节，选取科学合理的环境政策评估方法是推进环境政策评估的基础。本研究综述了国际上环境政策评估方法研究的最新进展，分析了环境政策评估的一般模式，主要包括效果模式和效率模式。并且，详细论述了主要环境政策评估方法中对成本和效益的计算，比较了不同成本和效益计算模型方法的优缺点。该研究可为“十二五”时期我国推进环境政策评估试点研究和实践提供重要参考。

关键词：环境政策评估　评估模式　评估方法　比较分析　最新进展

The Updated Progress on International Environmental Policy Assessment Methods

Dong Zhanfeng, Zhang Hui, Zhang Bing, Gao Ling, Ge Chazhong

Abstract: Environmental policy assessment is a critical step in environmental policy making and implementation. Scientific and reasonable assessment method is the basis for environmental policy assessment. This paper reviewed the updated progress on international environmental policy assessment methods, analyzed the general pattern including effect mode and efficiency mode. It also discussed in detail the calculation of costs and benefits in different policy

---

① 董战峰，通信地址：北京朝阳区大羊坊10号北科创业大厦810室；邮箱：dongzf@caep.org.cn。

assessment methods, and compared the advantages and disadvantages of various models. This study will provide important references for the promotion of research and practice on environmental pilot projects in China.

Key words: Environmental policy assessment Evaluation mode Evaluation methods Comparative analysis Updated progress

环境政策评估在检验环境政策的效果、效益和效率，克服环境政策运行中的弊端和障碍，增强环境政策的活力和效益等方面具有重要作用[1]。在我国，环境政策评估还未纳入环境政策设计的环节之中[2]，这导致了我国环境政策制定和实施的科学水平难以保障。欧美等一些发达国家已经将环境政策评估纳入立法范畴。在美国，自从里根总统签署了美国总统行政命令 12291，要求对所有重大的拟议条例进行成本效益分析之后[3]，美国要求联邦机构评估所有主要环境法规的费用和效益，同时还要求只有当社会效益超过成本的环境法规才予以通过执行[4]。在欧盟，任何一项环境政策的制定都必须先由议会、经济和社会委员会及环境理事会交叉进行咨询和评估，提出修订意见，按照程序表决提案是否被接受[5]。我国对环境政策评估的理论研究和应用研究都相对较少，而且研究多侧重于环境政策评估的定义、作用和意义，以及简单论述评估的标准、方法等[1,2,6]，评估有很大的随意性和盲目性，还没有形成一套完整的环境政策评估模式，鉴于此，本文总结了国内外现有的主要政策评估模式，比较不同模式的特征和优缺点，然后详细论述评估方法的发展过程，以期为我国的环境政策评估体系的建立提供参考。

1 环境政策评估模式

目前国内外还没有针对环境政策评估的基本模式。现有的环境政策评估研究主要有两类：一类是将公共政策评估的模式用于环境政策评估；另一类是研究者根据研究目标对案例地区特定的环境政策进行评估。

1.1 公共政策评估模式

西方对于公共政策的评估有多种模式，主要经历了三个阶段。第一阶段是在 20 世纪 30～60 年代，是政策评估的起始阶段，受行为主义的影响，政策评估以测量为主要模式。第二阶段是 20 世纪 60～80 年代，是政策评估的快速发展阶段，价值中立的实证主义在政策评估中加以应用，在评估内容上重视目标的实现程度，将政策制定和政策执行都作为评估对象，也被称为目标取向模式，但是这种模式缺乏对社会行动和社会价值之间联系的恰当的理解[7]。第三阶段是20世纪70年代以后，研究重心由政策制定转向政策执行和政策评估，开始关注政策的价值和伦理问题，及考虑政策评估的社会意义[8]。Guba和Lincoln[9]共同提出"执行—评估—调整—执行"的回应性建构主义评估，这一阶段也被称为回应性评估阶段，在评估主体、价值取向和研究方法上逐渐多元化[10]。以Guba和Lincoln的观点为基础，Vedung[11]提出了一个关于政策评估模式的系统分类框架，从政府干预的实质结果入手，按"组织者"不同将评估分为效果模式、经济模式和职业化模式三类。

1.1.1 效果模式

效果模式主要包括目标达成模式、附带效果模式、无目标评估、综合评估模式、顾客导向模式和利益相关者模式。目标达成模式是探讨评估问题的传统方法，主要基于两个方面来评估政策，一是目标达成评价，关注结果和政策目标是否一致；二是影响评价，关注结果是否由该政策所造成。可见，该模式是以预订的政策目标作为评估的标准，评估的侧重点在于判断预订的政策目标是否已经实现。附带效果评估解决了目标达成模式忽视的非预期、预料之外的政策效果，附带效果是产生在目标范围之外的，但没有明确的判断价值时应用的标准。无目标评估模式是针对目标达成模式忽视附带效果，在目标模糊时束手无策的弊端而提出的。该模式完全抛开政策的预定目标和其他事前标准，只是分析研究结果，单纯判断结果的价值。只是依赖于决策者和权力使用者的公正判断，容易导致主观因素的介入，影响评估的客观公正性。综合效果模式将评价内容扩展到执行和计划，除了关心结果，也包括判断政府干预的计划、决策和执行阶段。该模式虽然评估范围广泛，但是只关注官方的具体目标，不重视成本。顾客导向评估的核心是项目是否使顾客的关心、需要和期望得到满足。该模式的最大优点是体现了民主和参与。顾客个人价值的多元化难以形成对整个政策的总的看法，要了解顾客的看法需要花费大量的时间，因此，顾客导向评估不能单独地来评估某个政策，常常起到补充作用。利益相关者模式也是通过个人和团体的意见来评估政策的模式，与顾客导向模式不同的是，它关心的是所有对象，不仅仅是受影响的一组利益群体[12]。

1.1.2 经济模式

经济模式可以分为生产率模式和效率模式。与效果评估模式相反，该模式的显著特征是关注成本。生产率模式就是评估政策的产出与投入的比率。效率模式可以从成本收益分析和成本效益分析两个方面来测量。成本收益评估是指针对环境政策实施的全部投入和产出的货币成本和利益所算出的净利益，项目的投入和产出都用货币单位测量；它强调的是政策的净利益，显示出经济理性的特点。而成本效益分析是针对有些政策收益无法用市场货币表示的情况，而采用计划达成相同目标的单位成本或单位成本达成目标的效益程度来表示。不同于成本效益评估，该评估模式强调政策的效用，显示出技术理性的特点。

1.1.3 职业化模式

职业化模式是指职业人员根据自己的价值准则和执行的质量标准来评估其他人员的执行情况，主要是同行评议，它着力于对评估对象进行一个全面的质量判断。该模式主要应用于公共生活中的一些目标较复杂、技术难度较大的领域。表1总结了德国学者韦唐的政策评估模式的优缺点。

表1 韦唐的政策评估模式的优缺点

Tab. 1 Advantages and disadvantages of Evert Vedung's policy assessment pattern

模式	特征	优点	缺点
目标达成	评估的侧重点在判断预定的政策目标是否已经实现	体现民主、内容简单	忽略了成本，没有考虑意料之外的结果，忽视了对实施过程的评估
附带效果	预定目标仍然是基本的“组织者”，但是要充分考虑到附带效果的存在	评估内容补充目标达成效果忽略的内容	没有明确的判断价值时应用的标准
无目标评估	全面观察政策的实施结果	在目标模糊时对政策进行全面的评估	完全忽视评估标准和预定目标，容易导致主观因素的介入，影响评估的客观公正性
综合评估	评估内容包括执行和计划及结果	评估范围广泛	只关注官方的具体目标，不重视成本
顾客导向	价值多元化	体现了民主和参与	了解顾客的看法需要花费大量的时间
利益相关者	价值多元化	知识性、应用性和目标管理性	缺陷有忽视评估成本、耗费资源、缺乏对利益相关者的明确界定、信奉实用主义理论。
生产率	评估政策的产出与投入的比率	简单	没有考虑货币化投入产出
成本收益	强调政策的净利益，显示出经济理性的特点	方法简单	无法解决收益不好量化的政策
成本效益	强调政策的效用，显示出技术理性的特点	思路简单	不能强调收益的大小，同时易于低估收益
职业模式	同行评议	可以对评估对象进行全面的质量判断	主观因素易介入

1.2 环境政策评估

环境政策评估作为公共政策评估的一部分，国内外许多学者已经开始采用公共政策评估模式来进行环境政策评估。其中，主要采用的模式有目标效果达成评估、附带效果评估、成本效益评估和成本收益评估。但是，国内也有学者认为环境政策评估有其特殊性，如果直接使用公共政策评估方法显得比较笼统，缺少针对环境政策评估模式的规范性研究[13]。

基于公共政策评估模式，国内外许多学者开始进行环境政策评估。美国是世界上比较早地实施环境政策评估的国家，酸雨计划是美国历史上最重要和效果最明显的一项环境政策，许多学者从不同角度对酸雨计划进行了评估，最常见的是采用效果和效率评估模式。基于效率评估模式，Carlson 和 Ellerman 等分别从服从成本上对酸雨计划进行后评估，服从成本主要包括污染处理设施的固定成本和可变成本，得到的服从成本大致相同[14,15]。在评估酸雨计划成本时，有机构也研究了实际发生成本和预测成本的差异，发现实际发生成本明显小于预测成本，1990 年 EPA 估测执行酸雨计划的成本约为 61 亿美元，1998 年电力研究院（EPRI）和未来资源组织（RFF）对其的估测分别为 17 亿和 11 亿美元[16]，可见在计算成本时，需要考虑时间效应、学习机制及技术推广和革新等因素。基于成本效果模式分析酸雨计划中排污交易相对于命令控制手段是否节省成本的研究表明，排污交易可以减少 15%～90%的成本[17,18]。酸雨计划的预期收益是减少生态系统的酸化，健康效益的估测值差别很大，在 2010 年大约是 500 亿美元，而估测的项目成本仅有 5 亿美元[19,20]。

国内的环境政策评估主要针对生态建设与保护政策、污染防治政策、环境经济政策的效果[21,22]、效益[23]、成本[24]、公平性的评估。由于国内政策评估处于初级阶段，对政策评估的研究多数停留在政策评估的重要性和必要性、评估主体、评估的价值取向和伦理等方面，而对更为重要的评估方法却研究甚少。

我国正在大力推进 SO_2 排污权交易和试点，一些研究者对政策尝试进行了评估，主要集中在对政策目标、政策实施机制、政策实施效果的评估。叶维丽等从政策目标、政策实施机制、政策效益等方面对江苏省太湖流域水污染物排污权有偿使用政策进行了评估。结果表明，江苏省太湖流域水污染物排污权有偿使用政策已获得了正面效益，但在排污指标初始分配、排污权有偿使用费的初始定价及资金运转等环节还存在缺陷，应进一步加强有偿使用费的收缴、管理，保障政策的公平性及合理性[25]。万薇等通过对深圳 PCB 行业的实证研究，发现排污交易政策对产业优化升级也起到积极作用，结果表明实施排污交易后产生了明显的环境、经济、社会效益[26,27]。操家顺等[28]针对不同污染源类型采用排污交易控制太湖磷污染，结果表明该政策可实现显著的经济效益和环境效益。

目前，国内外还没有确定的环境政策评估模式，环境政策评估作为公共政策评估的一部分，公共政策评估的模式是环境政策评估模式的基础，现在国内外对环境政策的评估多数是基于公共政策评估模式，并且集中在效率模式和效果模式的评估。

1.3 环境政策评估标准

评估标准是政策评估的基础和灵魂，经历了从早期的技术性向后来的社会性和政治性的转变。早期的政策评估多是以效果、效率、效能为测量标准。后来，学者们认识到应当对执行过程进行评估，才能从执行过程上分析政策成败的原因[29]，20 世纪 80 年代，House[30]提出正义应该是政策评估考虑的一项重要标准。威廉·邓恩[31]认为效果、效率、充足性、公平性、回应性、适宜性这七项评估标准构成行动建议基础的价值观。帕顿和沙维奇[32]将评估标准分为技术可行性、经济与财政可能性、政治可行性和行政可操作性四个方面。

从国内研究进展来看，也没有一致认可的评估标准，但已有的评估标准都包括技术标准和社会标准两个方面。陈振明[33]将具体的评估标准简单归纳为五条：生产力标准、效益标准、效率标准、公平标准和政策回应度。谢明[34]将评估标准分成两大类：事实标准与价值标准。李康[35]认为环境政策评估标准有效益标准、效率标准、回应程度和政策执行的创造性。宋国君等[13]则认为环境政策评估标准可由效益标准、效率标准、社会公平性标准和政策回应度标准构成。尽管国内外并没有明确的环境评估标准，但是从以上评估标准的发展来看，公共政策评估中的效能、效率、公平性标准同样适用于环境政策评估。

2 环境政策评估方法

环境政策评估模式及评估标准要求环境政策评估方法要将定性分析和定量分析相结合，采用自然科学和社会科学方法相结合的方式进行评估。定性分析是采用描述性语言评估政策设计、政策执行过程及政策执行前后的效果对比，主要包括成本效果分析方法；定量分析是采用数学模型、经济学模型、统计学方法、计量模型等来定量给出政策执行的效果和效率，主要包括成本效益分析方法。以下具体述评环境政策评估方法中成本和效益的计量。

2.1 成本效益方法

2.1.1 成本分析

在计算成本效益中的成本时，需要注意三个问题：首先是要识别出要计算哪种成本，因为根据尺度和分析问题的角度不同，成本有很多分类。例如，直接成本和间接成本、私人成本和公共成本、明确成本和隐性成本；服从成本(减排成本)、增量成本、投资成本、运行维护成本、行业成本、交易成本、政府监管成本；另外还有过渡性成本和分配成本。这些成本的概念和分类存在交叉重叠现象，如果不加界定直接计算成本，会出现成本重复计算的情况[36]。其次，要注意的是选择一个合适的成本计算框架，根据政策的作用范围，来选择是采用部分均衡框架还是一般均衡框架。最后，计算成本的模型选择也很重要，需要根据考虑的因素来选择模型，可以采用一个或是多个模型。在进行环境政策分析时，主要考虑的是社会成本，它表示执行某项环境政策对社会经济的负担，是由于政策所产生的所有机会成本的总和[37]。

2.1.1.1 成本估测模型

环境政策成本计量模型有很多，这些模型的测算范围可以从一个行业（或是行业某个部分）成本估测到整个经济的成本估测。选择合适的模型来进行计算是很复杂的，要考虑很多因素，如政策影响的类别、影响的地理范围和部门范围等。具有代表性的模型包括服从成本模型、可计算一般均衡模型、线性规划模型。

服从成本模型是用来估测行业直接服从环境政策的成本，主要包括投资成本、运行维护成本和行政管理成本。服从成本模型主要关注供给方，在有些时候，生产者和消费者的行为受到影响，这些模型不能反映环境政策对于行业价格和产出的改变，然而，服从成本模型可以作为其他模型估测社会成本的输入。一个服从成本模型的例子是美国 EPA 的 Air Control NET (ACN)，它是一个数据库工具，来进行污染物排放控制战略和成本分析，可以提供详细的污染物控制措施及不同措施的成本、污染物排放量等参数，但是不考虑消费者和生产者的行为改变[38]。

在政策影响仅限在一个单独的市场，并且要结合生产者和消费者的行为响应时，部分均衡模型可以用来估测社会成本。部分均衡模型的数据需求较少，并且相对构建简单，便于使用和解释，但是，该模型仅限于一个或少数几个市场的成本估测，不能抓住间接和反馈影响。可计算一般均衡模型（CGE model）在环境政策分析中经常使用。CGE 模型用非线性函数代替了传统投入产出模型中的线性函数，引入了经济主体的优化行为，允许生产要素之间的替代和需求之间的转换。CGE模型可以估测宏观经济影响，尤其是经济体间非直接的和相互作用的影响，其中体现了生产和消费的优化行为；适用于分析中长期的政策影响[39]。Dellink[40]采用动态一般均衡模型来分析荷兰污染治理对全社会的成本变化。Devarajan和Go[41]、Kemfert和Welsch[42]、Pattanayak等[43]，以及夏传文和刘亦文[44]都采用改进的CGE模型计算了环境政策的成本变化情况。

线性规划模型常用于估测政策的服从成本。通过一系列决策变量、约束条件来最小化（或是最大化）目标函数。在进行环境政策分析时，目标函数通常是最小化直接服从成本，约束条件可能包括可获得技术、燃料供给、总量控制、污染排放标准等。和服从成本模型相比，线性规划模型可以更好地整合和系统地分析技术的范围和多服从选择，它可以考虑在约束情况下的灵活性，但是，由于局限在一个部门，该模型不能估测间接或是分配成本。

以上三个模型是成本计算过程中常用的模型，其中线性规划模型可以作为服从成本的基础，服从成本模型又可以作为一般均衡模型的引入参数。采用一般均衡模型不仅可以模拟政策实施的成本，而且可以分析政策实施对就业等社会因素的影响，可以从另一方面反映政策执行的公平性，可见，一般均衡模型是将来环境政策评估模型发展的趋势。

2.1.1.2　成本计算需要考虑的问题

在计算现有政策的社会成本时，需要考虑成本的时间性，有些政策对生产和消费产生永久的改变，会不断地改变社会成本，在计算关于时间的成本时，分析的时间跨度、使用动态或是静态框架、折现率及技术的改变都需要考虑。在通过成本效益评价环境政策的过程中，需要得到未来和现在的成本和效益，常用的方法是净现值法。其中，对贴现率参数的估测很重要，对于成本使用较高的贴现率，则过高估测了政策执行的成本，不能准确地评价环境政策[45]。

2.1.2　效益分析

经济效益分析的目的是估测不同类型的收益，并采用经济价值估值方法将其货币化，为决策者提供客观的数据支持。选择政策执行前的某个点或是基准情景，比较政策执行前后的净效益（货币化的总收益减去货币化的总成本）变化。

2.1.2.1　效益估测步骤

环境政策的效益分析主要有三个步骤：①识别由环境政策带来的有潜在影响的效益类别；②通过专家咨询、社会调查等方式量化这些效益的环境影响终点；③使用合适的估值方法来估测这些影响的收益。

2.1.2.2 效益计算方法

环境政策可能产生的收益类型主要包括：对人体健康的改善、对生态环境的改善、其他类型的效益（包括审美改善、减少材料破坏等），针对不同类别的效益，有些经济学上的估值方法是通用的。以下分两部分介绍主要的估值方法。

1）人体健康改善的收益

环境政策所带来的人体健康的改善主要表现在死亡率的降低、非致命癌症发病率的降低、慢性疾病和其他疾病及不良繁殖和发育影响的降低上。在估测对人体健康的改善时，最常采用的健康终点是过早死亡和致病。

第一，过早死亡损失的收益计算方法。

在考虑环境政策对死亡率的影响时，很重要的一点是要知道环境政策的目标不是确保特定的个人不死于环境损害，而是降低死亡发生的概率。常用于计算死亡风险改变的方法主要有享乐主义工资法、人力资本法及支付意愿法。

享乐主义工资法是估算个人生命价值的方法，国外使用享乐主义工资模型估计生命价值的研究很多。Smith 和 Thaler[46,47] 分别运用该模型对美国劳动力的生命价值进行了评估。此后，以 Viscusi 为主要代表的一批学者使用这种方法对不同国家不同行业劳动者的生命价值都尝试过估计，得到了很多成果。大多数结果证实，美国劳动者的生命价值最高，可靠的数值在 700 万美元左右[48,49]；发展中国家和地区的生命价值估计较低，Liu 和 Hammitt[50] 对中国台湾进行研究得到的估计结果是 70 万美元，而 Kim 和 Fishback[51] 对韩国劳动者的生命价值估计为 80 万美元。国内使用享乐主义工资模型估算生命价值的文献很少。Guo 和 Hammitt[52] 使用中国家庭收入项目（CHIP）的城镇职工数据对中国劳动者的生命价值进行了估计，得到的结果为 7000～20 000 美元。

支付意愿法是通过直接问卷调查的形式来询问人们为规避死亡风险所愿意支付的最大金额，从而间接算出人们对自我生命价值的评定。在对健康风险收益进行分析时，通常的支付意愿是用统计生命价值（VOSL）表示的[53～55]。美国 EPA 对 VOSL 进行支付意愿调查已经很多年，其值为 600 万～1 350 万美元[56]。统计生命年价值（VSLY）也常用于支付意愿的调查，可以将统计生命价值分配折现到预期寿命的每一年，也就得到通过环境政策可以节省的每年生命价值。

人力资本法在国内使用较为普遍[57～59]。采用人力资本法计算时，要考虑三个方面的影响：第一，人的过早死亡损失的生命年数是社会期望寿命与平均死亡年龄之差，而社会期望寿命随着时间的推移逐步增加，要对社会期望寿命进行合理的预测；第二，未来的社会 GDP 也需要进行预测；第三，健康损失计算的是现值，未来的社会 GDP 需要贴现，贴现率的选择对评价结果的影响较大。

第二，致病损害的收益计算方法。

减少经历疾病风险的支付意愿法（WTP）是比较常用的衡量致病影响的方法。这个方法主要包括四个部分：①减少疾病风险的避免成本；②医疗保健和药物治疗的缓解成本；③由于误工和丧失娱乐活动的非直接成本；④还有不容易测量的，由于不适、焦虑、疼痛和容忍带来的成本。除了 WTP 以外，疾病成本法也是常用的衡量疾病损害成本的方法。疾病成本法是基于潜在的损害函数，它将污染暴露程度与健康影响联系了起来，污染与健康的暴露-反应关系的准确性决定了估算结果的客观性。疾病成本主要包括患者患病期间所有的与患病有关的直接费用和间接费用，包括门诊、急诊、住院的直接诊疗费和药费，未就诊患者的自我诊疗和药费，患者休工引起的收入损失（按日人均 GDP 折算），以及交通和陪护费用等间接费用。

2）生态环境改善收益

除了人体健康收益外，许多环境政策也会产生生态效益，比如，增强提供生态系统服务的能力。不同生态系统服务价值计算的常用方法见表 2。其中，旅行费用法是一种发达国家比较流行的游憩价值评价方法，以消费者旅游所支出的总费用来衡量生态系统服务价值的方法，常用于人们对某种自然景观旅游服务的评价估算。Haab 和 McConnell[60] 及 Parsons[61] 对旅行费用法的使用进行了概述，Day[62] 等使用多目的地旅行费用模型来估测居民对特定旅游胜地的娱乐需求。

表 2　不同生态系统服务价值计算方法

Tab. 2　Value calculation methods of the various ecological system services

生态系统服务	方法
供给服务	直接市场价值法；生产函数法
调节服务	影子工程法；市场价格；生产成本法；影子价格法
文化服务	旅行成本法；享乐价格法
支持服务	条件价值法；机会成本法

对环境政策的效益进行计算时，有时由于人力、物力、财力的不足，可以采用效益转移方法，是将现存的研究结果应用到新的政策研究，在进行效益转移时，需要确定研究地和政策地两者之间的社会、经济、资源属性相似，比如都是对同一类型的生态价值进行估算，常用于非市场价值估算[63～65]。

2.2　成本效果分析

成本效果分析与成本效益分析的区别在于前者主要考虑使用的成本是否达到环境政策的目标效果，针对有些环境效益不容易确定的情况，常采用前者；后者是将执行环境政策的负担和影响都进行货币化，来比较成本和收益的关系。

基于效果评估模式，可以从目标可达性、附带效果等方面进行分析。结合政策目标、政策实施效果、政策管理行动等文献资料及政策实施前后的统计数据资料，采用环境政策实施效果的定性描述、定量模型预测和模拟等方法对政策效果进行评估。宋国君等对淮河流域水环境保护政策的评估从环境保护政策体系、管理行动、排放控制及水质四个方面，从目标出发自上而下对政策实施效果进行评估[21]。另外，在进行效果分析时，也要充分考虑政策的公平性。

3 结语

环境政策评估方法的研究具有重要的理论意义和现实意义。由于目前国内外还没有一致的环境政策评估模式，基于效果和效率模式的环境政策评估模式是建立在公共政策评估的基础上的，并在国内外环境政策评估中普遍被采用。与国外相比，我国受到长期的“重实施、轻评估”思想的影响，很少进行环境政策的评估，已有的政策评估案例多是针对实施效果的定性描述，并没有完整地涉及政策设计和政策执行。我国亟须建立一套针对环境政策评估的框架体系，以便对政策进行评估。

参考文献

[1] 王金南．我国尚未形成真正的环境政策评估体系．科学时报，2007-12-19.

[2] 宋国君，马中，姜妮．环境政策评估及对中国环境保护的意义．环境保护，2003，(12)：34-57.

[3] Grifths C，Klemick H，Massey M，et al. Valuation of surface water quality improvements. Review of Environmental Economics and Policy，2012，6 (1)：130-146.

[4] 王曦．美国环境法概论．武汉：武汉大学出版社，1992.

[5] 万融．欧盟环境政策及其局限性分析．山西财经大学学报，2003，25 (2)：5-9.

[6] 王金南．环境政策评估推动战略环评实施．中国环境报，2007-6-22.

[7] 弗兰克·费希尔．公共政策评估．吴爱明，李平译．北京：中国人民大学出版社，2003.

[8] 王骚．政策原理与政策分析．天津：天津大学出版社，2003.

[9] Guba E G，Lincoln Y S. Fourth Generation Evaluation. California：Sage Publication，1989.

[10] 贠杰，杨诚虎．公共政策评估：理论与方法．北京：中国社会科学出版社，2006.

[11] Vedung E. Public Policy and Program Evaluation. New Brunswick and London：Transaction Publishers，1997.

[12] 联合国开发计划署评估办公室．计划管理者手册：面向结果的监督和评估．北京：科学出版社．

[13] 宋国君，金书秦，冯时．论环境政策评估的一般模式．环境污染与防治，2011，5 (33)：

100-107.

[14] Carlson C, Burtraw D, Corpper M, et al. Sulfur dioxide control by electric utilities: what are the gains from trade? Journal of Political Economy, 2000, 108 (6): 1292-1326.

[15] Denny E A, Joskow P L, Schmalensee R, et al. Markets for Clean Air: The US Acid Rain Program. Cambridge: Cambridge University Press, 2000.

[16] NAPAP. National Acid Precipitation Assessment Program Report to Congress: An Integ rated Assessment. Washington D C: National Science and Technology Council, Committee on Environment and Natural Resources, 2005.

[17] Burtraw D, Karen P. The Paparazzi Take a Look at a Living Legend: The SO_2 Cap-and-Trade Program for Power Plants in the United States. Discussion Paper (03-15). Washington D C: Resources for the Future, April.

[18] Keohane N. What Did the Market Buy? Cost Savings Under the US Tradeable Permits Program for Sulfur Dioxide. Yale Center for Environmental Law and Policy, October 15.

[19] Burtraw D. 1998. Cost Savings, Market Performance and Economic Benefits of the US Acid Rain Program. Discussion Paper. Washington D C: Resources for the Future, March.

[20] Shadbegian, R J, Gray W B, Morgan C, et al. Benefits and Costs from Sulfur Dioxide Trading: A Distributional Analysis. Working Paper. Washington D C: US Environmental Protection Agency, National Center for Environmental Economics, December.

[21] 宋国君，金书秦．淮河流域水环境保护政策评估．环境污染与防治，2008，30 (4): 78-82.

[22] 万军，王金南，葛察忠，等．中国生态补偿政策评估与框架初探．环境科学研究，2005，(02): 1-8.

[23] 陶卫春，王克林，陈洪松．生态建设政策评估研究进展．中国生态农业学报，2007，(04): 204-207.

[24] 吴玉萍．北京市环境政策评价研究．城市环境与城市生态，2002，(02): 4-6.

[25] 叶维丽，王东，文宇立．江苏省太湖流域水污染物排污权有偿使用政策评估研究．环境污染与防治，2011，33 (8): 95-98.

[26] 马平，杨宏达，林红，等．开远市大气污染物排放交易政策的实施．环境科学研究，1995，8 (2): 40-42.

[27] 万薇，张世秋．利用环境政策促进产业优化升级——基于深圳 PCB 行业的排污权交易制度设计研究．北京大学学报（自然科学版），2012，48 (3): 491-499.

[28] 操家顺，张素英，王超．排污交易控制太湖磷污染应用研究．河海大学学报（自然科学版），2005，33 (2): 157-161.

[29] 耶鲁大学环境法律与政策中心，哥伦比亚大学国际地球科学信息网络中心，世界经济论坛，等．2006 环境绩效指数．世界环境，2006 (6): 42-51; 2007 (1): 62-74.

[30] House E R. Evaluating with validity. Educational Evaluation and Policy Analysis. 1982, 4 (1): 119-125.

[31] 威廉·邓恩．公共政策分析导论．北京：中国人民大学出版社，2002.
[32] 卡尔·帕顿，大卫·沙维奇．政策分析和规划的初步方法．北京：华夏出版社，2002.
[33] 陈振明．政策科学．北京：中国人民大学出版社，2003.
[34] 谢明．政策分析导论．北京：中国人民大学出版社，2004.
[35] 李康．环境政策学．北京：清华大学出版社，2000.
[36] Callan S J，Thomas J M. Environmental economics and management：theory，policy and applications. Fort Worth：The Dryden Press，1999.
[37] Pizer W A，Kopp R. Calculating the costs of environmental regulation// Mäler K G，Vincent J R. Handbook of Environmental Economics. Volume 3. Amsterdam：North-Holland，2003.
[38] EPA. Air Control NET. http：//www. epa. gov/ttnecas1/AirControlNET. html [2013-8-20].
[39] 庞军，邹骥．可计算一般均衡模型与环境政策分析．中国人口·资源与环境，2005，15（1）：56-59.
[40] Dellink R B. Modelling the costs of environmental policy：a dynamic applied general equilibrium assessment. Cheltenham：Edward Elgar Publishing，2005.
[41] Devarajan S，Go D S. The simplest dynamic general equilibrium model of an open economy. Journal of Policy Modeling，1998，20（6）：677-714.
[42] Kemfert C，Welsch H. Energy-Capital-Labor substitution and the Economic Effects of CO_2 Abatement：Evidence for Germany. Journal of Policy Modeling，2000，22（6）：641-660.
[43] Pattanayak S K，Ross M T，Depro B M，et al. Climate change and conservation in Brazil：CGE evaluation of health and wealth impacts. Journal of Ecomonic Analysis and Policy，2009，9（2）：235-247.
[44] 夏传文，刘亦文．燃油税改革对我国节能减排影响的动态 CGE 研究．经济问题，2010，（2）：64-69.
[45] Atkinson G，Mourato S. Environmental Cost-Benefit Analysis. Annu Rev Environ Resour，2008，（33）：317-344.
[46] Smith R S. The Feasibility of an "Injury Tax" Approach to Occupational Safety. Law and Contemporary Problems，1974，38（4）：730-744.
[47] Thaler R，Rosen S. The Value of Saving a Life：Evidence from the Labor Market. New York：Columbia University Press，1975.
[48] Smith R S. The Occupational Safety and Health Act：Its Goals and Its Achievements. Washington D C：American Enterprise Institute，1976.
[49] Viscusi W K. The value of a statistical life：a critical review of market estimates throug hout the world. The Journal of Risk and Uncertainty，2003，27（1）：5-76.
[50] Liu J T，Hammitt J K. Perceived risk and value of workplace safety in a developing country. Journal of Risk Research，1999，2（3）：263-275.

[51] Kim S W, Fishback P V. The impact of institutional change on compensating wage differentials for accident risk: South Korea (1984-1990). Journal of Risk and Uncertainty, 1993, 18 (3): 231-248.

[52] Guo X, Hammitt J K. Compensating wage differentials with unemployment: evidence from China. Environmental and Resource Economics, 2009, 42 (2): 187-209.

[53] Pearce D W, Atkinson G, Mourato S. Cost-Benefit Analysis and the Environment: Recent Developments. Paris: Organ Econ Co-Op Dev, 2006.

[54] Bolt K, Ruta G, Sarraf M. Estimating the Cost of Environmental Degradation: A Training Manual in English, French and Arabic. Washington D C: World Bank, 2005.

[55] Krupnick A. Valuing health outcomes: policy choices and technical issues. Washington D C: Rep Resource Future, 2004.

[56] Robinson L. How US government agencies value mortality risk reductions. Rev Environ Econ Policy, 2007, 1: 283-299.

[57] 韩明霞，过孝民，张衍燊．城市大气污染的人力资本损失研究．中国环境科学，2006，16 (4): 509-512.

[58] 桑燕鸿，周大杰，杨静．大气污染对人体健康影响的经济损失研究．生态环境，2010，(1): 178-179.

[59] 赵越．大气污染对城市居民的健康效应及经济损失研究．中国地质大学博士论文，2007.

[60] Haab T C, McConnell K E. Valuing Environmental and Natural Resources: The Econometrics of Non-Market Valuation. London: Edward Elgar, 2002.

[61] Parsons G R. The Travel Cost Model. See Ref, 2003, 11: 269-330.

[62] Day B. Valuing visits to game parks in South Africa//Pearce, D W Pearce, C Palmer, C. Valuing the Environment in Developing Countries: Case Studies. Cheltenham: Edward Elgar, 2002.

[63] Boyle K J, Bergstrom J C. Benefits transfer studies: myths, pragmatism and idealism. Water Resource Res, 1992, 28 (3): 657-663.

[64] Desvousges W, Johnson F R, Banzaf H S. Environmental Policy Analysis with Limited Information: Principles and Applications of the Transfer Method. Cheltenham: Edward Elgar, 1998.

[65] Navrud S, Ready R. Environmental Value Transfer: Issues and Methods. Dordrecht: Springe, 2007.

美国区域排放配额交易机制解析与启示①

□ 袁永娜[1,2]　石敏俊[1,2]②　李　娜[1,2]　周晟吕[1,2]

（1. 中国科学院研究生院；2. 中国科学院虚拟经济与数据科学研究中心）

摘要： 美国目前主要有三个针对温室气体排放的各具特色的区域排放配额交易机制：第一个强制性排放配额交易机制——东北部区域温室气体倡议；第一个不同国家间地区层面的配额交易机制——西部气候倡议；美国温室气体排放最多的配额交易机制——中西部温室气体减排协议。本文主要从覆盖范围与减排目标的设定、排放许可的初始分配、成本控制机制三个方面对它们进行了比较分析，探讨了其可能的发展方向及对美国联邦层面排放交易机制可能造成的影响，并在此基础上分析其对我国碳排放交易制度设计的启示。

关键词： 区域排放配额交易机制　排放配额　初始分配　成本控制机制

Comparative Analysis on Carbon Cap-and-trade Programs in America

Yuan Yongna, Shi Minjun, Li Na, Zhou Shenglv

Abstract: There are three characteristic carbon cap-and-trade mechanisms in America: Northeastern Regional Greenhouse Gas Initiative which is the first mandatory U.S. cap-and-trade program for carbon dioxide; Western Climate Initiative which is the first international regional program, Midwest Greenhouse Gas Reduction Accord which emits relatively high levels of greenhouse gases in America. This paper makes comparative analysis of their program scope, reduction path, allowance distribution and cost containment mechanism; discusses their development direction and influence on the future federal carbon cap and trade program; and analyzes their demonstration for the design of carbon

① 国家自然科学基金委青年项目（71203215，41101556）资助。

② 石敏俊，通信地址：北京市海淀区中关村东路 80 号；邮编：100190；邮箱：mjshi@gucas.ac.cn。

cap and trade policy in China.

Key words：Regional carbon cap-and-trade program　Allowance distribution　Cost containment mechanism

1　引言

无论是退出京都议定书，还是在近几次气候谈判中的态度，美国联邦政府在应对气候变化时的表现并不积极。与之形成鲜明对比的是，美国的许多地方政府却在积极采取行动应对气候变化问题，区域排放配额交易计划是美国地方政府减排行动中最有特色的部分之一。目前美国已经发布制度框架设计的区域排放配额交易计划有三个，分别是美国第一个强制性区域配额交易机制——东北部区域温室气体倡议（Northeastern Regional Greenhouse Gas Initiative，RGGI），第一个国际性区域配额交易机制——西部气候倡议（Western Climate Initiative，WCI），覆盖温室气体排放量最大的配额交易机制——中西部温室气体减排协议（Midwest Greenhouse Gas Reduction Accord，MGGRA），它们的基本情况见表 1。

表 1　RGGI、WCI 与 MGGRA 基本情况
Tab. 1　Basic information of RGGI、WCI and MGGRA

项目	RGGI	WCI	MGGRA
成立日期	2005 年 12 月 20 日	2007 年 02 月 26 日	2007 年 11 月 15 日
实施日期	2009 年 01 月 01 日	2012 年 01 月 01 日	2012 年 01 月 01 日
正式成员	Connecticut，Delaware，Maine，New Hampshire，New Jersey，New York，Vermont，Massachusetts，Rhode Island，Maryland	美国：Arizona，California，New Mexico，Oregon，Washington，Utah，Montana；加拿大：British Columbia，Manitoba，Quebec，Ontario	美国：Illinois，Iowa，Kansas，Michigan，Minnesota，Wisconsin 加拿大：Manitoba
观察成员	Pennsylvania	美国：Alaska，Colorado，Idaho，Kansas，Nevada，Wyoming；墨西哥：Baja California，Chihuahua，Coahuila，Nuevo Leon，Sonora，Tamaulipas；加拿大：Saskatchewan，Nova Scotia	美国：Indiana，Ohio，South Dakota；加拿大：Ontario

资料来源：根据 http：//www.pewclimate.org/what _ s _ being _ done/in _ the _ states/regional _ initiatives .cfm 相关资料整理而成

系统解析美国区域排放配额交易计划的设计不仅可以深入地了解和认识美国减排政策，把握未来世界减排的国际形势和减排政策的发展趋势，而且对排放配额交易机制设计本身也具有非常重要的参考价值。因此，本文系统解析上述三个各具特色的美国区域排放配额交易机制的制度框架特点，探讨它们对未来联邦层面的排放配额交易机制的影响，并在此基础上分析其对我国碳排放交易制度设计的启示。

2 RGGI、WCI、MGGRA 基本制度框架与比较分析

2.1 覆盖范围与减排目标的设定

RGGI 覆盖电力行业铭牌额定值（nameplate capacity）超过 25MW（兆瓦）的以化石能源为动力的发动机（generator），覆盖温室气体为 CO_2。减排目标为：2009～2014 年稳定在现在的水平，2015～2018 年每年降低 2.5%，2018 年的排放比 2009 年降低 10%。第 1 个阶段的减排目标设定较为温和，其目的只是为了提供一种市场信号和制度确定性，为企业提供充足的调整时间，可以缓解制度运行初期不确定性因素对电力批发价格及零售价格造成过大的影响。

WCI 也分为两个交易阶段。第 1 个交易阶段为 2012 年 1 月 1 日到 2014 年 12 月 31 日，覆盖电力生产、重工业和商业排放源；第 2 个阶段为 2015 年 1 月 1 日到 2020 年 12 月 31 日，覆盖范围将会扩大到交通运输、居民、商业和工业的燃料使用，一旦全面实施（2015 年），将会覆盖这些地区 90%的温室气体。覆盖的温室气体包括 CO_2、CH_4、N_2O、氟氯碳化物（hydrofluorocarbon）、全氟碳化物（perfluorocarbon）和六氟化硫（sulfur hexafluoride）。其减排目标为：2020 年全经济体系（economy-wide）温室气体排放比 2005 年降低 15%，比照常发展路径降低 33%。

MGGRA 覆盖电力生产和进口、工业燃烧排放、存在可信的检测和控制措施的工业工艺，居民、商业及工业厂房等使用的燃料（fuel），运输燃料。覆盖的温室气体包括 CO_2、CH_4、N_2O、氟氯碳化物、全氟碳化物和六氟化硫。其减排目标为：到 2020 年比 2005 年降低 20%，2050 年比 2005 年降低 80%，减排目标会根据未来科学发现、技术进步及计划实施状况随时间等进行调整。

总体来看，RGGI 覆盖范围行业和温室气体都比较单一，且减排目标比较宽松，减排路径逐渐收紧，为企业提供了较长的调整时间，也避免由于运行初期诸多不确定因素对经济造成的不确定性影响；WCI 是第一个国际性地区层面的排放配额交易机制，为了避免不确定性因素的影响，其减排目标相对而言也比较宽松。MGGRA 覆盖范围最宽，目标设定最严格。

2.2 排放许可的分配

2.2.1 RGGI

RGGI 的排放许可分配为两阶段分配法，第一个阶段排放许可首先在不同参

与地区之间进行分解（apportionment），第二个阶段由各个州或地区根据自身发展状况将排放许可分配到排放源（allocation）。

地区之间排放许可的分解主要有两类方法。第一类是以生产者为导向的分配方法，如根据产出、历史排放量、排放强度等进行分配。第二类是以消费者为导向的分配方法，如以电力消费或者人口为基础进行分配。这类方法主要考虑到机制运行最终导致电力成本上升将不可避免地传递给消费者，充分考虑了电力生产和消费的空间差异对消费者福利的影响。但是，最终应该是运用哪种或哪几种方式进行分配，在不同的排放配额交易机制中存在较大差异。目前，很多排放配额交易机制都以生产者导向的分配方法为基础，如欧盟排放配额交易机制、美国的酸雨计划等，而以消费者为导向的分配方法则很少见。RGGI 在 2005 年中期，估计了几种不同方法学的分配方式：100%地运用历史排放情况；50%按照历史排放，50%按照人口；25%按照历史排放，50%按照人口，25%按照产出等。在此基础上，最终主要以按照历史排放为基础的分配方式，通过协商决定各地区的减排目标。

RGGI 规定，各州或地区分配到排放源的方式可以不同，但是至少 25%的排放用来增加消费者福利或者用于战略能源需要。各州分配到排放源的分配方式更多地采用了拍卖的形式（表 2），且拍卖收入大都用于战略能源的投入。

表 2　RGGI 各州拍卖所占份额

Tab. 2　Share of permits allocated by auction in RGGI memberships

	拍卖占的份额		拍卖占的份额
康涅狄格州	77%	新罕布什尔州	100%
特拉华州	2009 年为 60%，此后每年增加 8%，到 2014 年达到 100%	新泽西州	99%
缅因州	100%	纽约	100%
马里兰州	85%	罗德岛	100%
马萨诸塞州	99%	佛蒙特州	100%

资料来源：http：//www.rggi.org/home

2.2.2　WCI

WCI 成员国制定减排目标的时间较早，除了加入较晚的 Montana 和 Utah 外，其他美国成员州的减排目标均在 2007 年 8 月之前确定（表 3），其中，Califonia 和 New Mexico 的减排目标更是早在 2005 年就被制定出来。而 WCI 区域减排目标是根据各成员国减排目标估算出来的，也即整个区域减排目标等于各地区减排目标之和，呈现线性递减的趋势（针对覆盖源而言的线性递减），整个区域的减排目标与各个参与成员的减排目标一致。但它可能随着新成员的加入而有所改变，新的地区如果要正式加入WCI的话，其2020年的减排目标必须设定得比WCI区域目标更为严格。

表3 WCI美国成员州的减排目标

Tab. 3 Mitigation targets of in WCI memberships

州名称	发布时间	目标设定
加利福尼亚州	2005年6月1日	2010年减排到2000年的水平，2020年达到1990年的水平，2050年比1990年的水平降低80%
新墨西哥州	2005年6月9日	2012年减排到2000年的水平，2020年比2000年降低10%；2050年比2000年降低75%
亚利桑那州	2006年9月8日	2020年降低到2000年的水平，2040年比2000年降低50%
华盛顿	2007年5月3日	2020年降低到1990年的水平，2035年比1990年的水平降低25%，2050年比1990年降低50%
俄勒冈州	2007年8月6日	2010年排放量停止增长，到2020年比1990年降低10%，到2050年比1990年的水平降低75%
蒙大拿州	2007年12月	2020年降低到1990年的水平
犹他州	2008年6月20日	2020年降低到2005年的水平

资料来源：根据 http://www.pewclimate.org/what _ s _ being _ done/in _ the _ states/emissionstargets _ map.cfm 整理而成

WCI首先由各成员地区制定排放预算，之后再确定地区减排目标，是一种较为松散的自下而上的分配结构。每个成员地区可以自己决定如何将排放许可分配到排放源，但需要提前履约期开始一年告知其他成员地区，以方便地区间采取较为统一的分配标准，减轻对参与地区之间竞争力的负面影响。此外，WCI还规定了第1个履约期不少于10%用来拍卖，到2020年这一比重至少要达到25%。WCI概括了对排放补贴或者收入使用的两个方面：第一类是为了WCI覆盖地区的公共福利，如提高能源效率、发展可再生能源等；第二类是特定地区的福利，如降低对消费者福利的负面影响等。

2.2.3 MGGRA

MGGRA的分配方案与RGGI类似，是自上而下的二阶段分配结构。就区域分解而言，州和省级层面的排放许可预算主要运用同一公式测算排放上限，但也有一定比例的州或省的排放许可预算可以以其他标准来测算或调整，比如排放强度、人口与经济增长及新的排放源的加入等。

与RGGI不同的是，关于各州如何将排放许可分配到排放源或者实体，MGGRA制定了相对统一的规则，各州或地区的自主性大大降低。从用途看，排放许可主要分为两类。第一类是用于4种特定用途的排放权：①区域低碳技术商业化基金（比重待定）；②排放许可储备（为了稳定市场价格，地区排放预算的2%）；③鼓励尽早减排（2012年地区排放预算的2%～5%）；④可以用于特定气候变化相关方面的用途，包括加速投资转型，降低减排对消费者、产业和工人的负面影响，支持地区的适应计划，减少其对社区、健康和自然资源的有害影响等。

第二类主要是直接分配给排放源的许可，这些许可在不同部门之间分配的比重应该与 2010～2011 年排放量的比重进行分配，尽早排放许可也必须按照这一比重在不同部门之间进行分配。不同行业的分配方式也不相同，交通运输部门和商用电力部门 100%采用拍卖方式，公用事业部门拍卖比重为 10%，工业部门拍卖比重为 5%。其余直接分配给排放源的排放许可也并不是采用免费发放方式，而是采取收费方式，这部分收入必须用于气候变化相关的用途。除非发现收费会对产业发展的影响过大，第一个控制期收费为 2 美元/吨 CO_2e，第二个控制期收费为 2 美元/吨 CO_2e，第三个控制期收费为 2 美元/吨 CO_2e，不愿意支付费用的排放源不给予分配。直接分配而未分配完的部分可以退出市场，或者在市场上进行拍卖。

2.3 灵活机制

为了避免排放配额交易机制对经济的过大冲击，控制减排成本，提高减排效率，同时也是为了保证机制的稳定性，很多排放配额交易机制制定了灵活机制，主要包括抵消（offset）、履约期、价格阈值机制等。

"抵消机制"是指以项目为基础的从排放配额交易机制外的其他部门获得的减排资源。排放许可在时间上的存储（banking）或借入（borrowing）。存储是指企业可以提前减排，本期没有使用完的排放许可在以后的交易期仍有效。借入是指企业向管理当局借入排放许可，这样可以提前排放，通常需要支付一定的利息。由于存在对企业支付能力等的考虑，很少有机制采用这种方式。此外，履约期机制（compliance period）允许企业在履约期内无限存储和借入，也即每一个履约期提交一次履约期内与实际排放量相同的排放许可，这一机制使得企业拥有更长的调整期，履约期越长，企业拥有的调整时间就越长。

RGGI、WCI、MGGRA 都采用了抵消机制、3 年控制期机制、无限存储机制，只有 MGGRA 采取了有条件借入机制。当交易价格超过价格上限时，实体借入的排放许可量不能超过该实体履约义务的某一比重（这一比重大于 20%，待定），借贷期不超过两年。当交易价格低于价格下限时，实体借入的排放许可量不能超过该实体履约义务的某一比重（这一比重小于 20%），借贷期不超过一年。同时，实体必须为借入的排放许可支付利息，每年的利息为 8%。

排放配额交易机制最大的缺陷就是其形成的排放许可交易价格可能会存在波动。为了避免价格波动过大造成的冲击，许多排放配额交易机制采取了结合多种成本控制机制的价格阈值机制。目前，美国的这三个机制也都采取各具特色的价格阈值机制。RGGI 最初认可的抵消项目应该发生在美国，且使用上限不超过配额的 3%。但是如果排放许可平均交易价格超过 7 美元/吨，那么，抵消占排放上限的比重可提高到 5%。如果排放许可交易价格超过 10 美元/吨，抵消使用占排放上限比重可以提高到 10%，同时抵消项目来源也可以不局限于美国，可以扩大到 EU ETS 和京都 CDM 项目。如果排放许可平均价格超过了 10 美元/吨，履约期将会延长一年，也即最大履约期为 4 年。这一机制可以给排放源更长的时间调整，进而使排放许可的交易价格下降。

WCI 采取的是自下而上较为松散的排放许可分配结构，为了避免区域排放上限设定过高，设定了拍卖保留价格或者最低价格机制。最早拍卖的 5%的排放许可的拍卖价格没有达到这一最低价格，那么未拍卖的一部分排放许可将退出市场，另一部分在以后的履约期拍卖或者由成员地区保留用于以后履约期的其他用途。拍卖的份额、保留价格、拍卖退出的份额、保留份额由拍卖设计决定。对于没有参与这种有保留价格拍卖的地区，其排放许可也必须有部分退出，退出的份额与参与最低保留价格地区的退出份额相同。

MGGRA 根据市场状况及其他参与地区情况，建立了 4 个交易价格阈值，即最高上限、上限、下限和最低下限价格。如果价格介于最高上限与上限之间，参与地区可以扩大排放许可的借贷，放宽抵消项目限制。如果超过价格最高上限，那么可以使用排放许可储备流入到市场，直到市场状况恢复。如果价格介于最低下限和下限之间，参与地区可以收缩许可的借贷，收紧抵消项目的限制。如果交易价格低于最低价格下限，并可能威胁到长期的低碳投资激励，那么，从市场上回收排放配额，并将它们注入排放储备，直到市场状况恢复正常。

总体上看，RGGI 采取的成本控制机制较为宽松，主要是为了避免交易机制给经济造成的过大的冲击；WCI 采取的成本控制机制相对比较严格，更多的是为了避免自下而上的松散结构可能导致的排放上限设定过高；而 MGGRA 的成本控制机制则比较灵活，即考虑冲击过大，也考虑排放上限设定过高的情形。

2.4 比较与总结

RGGI 是美国第一个区域排放配额交易机制，因此，在某种程度上存在一些实验的性质，它覆盖范围较为狭窄，仅仅局限于电力部门的 CO_2 排放，不仅如此，其减排目标设定也较为温和。它在成立之初只是提供一种信号，为低碳投资提供充足的时间进行调整，这样对经济的冲击也会相对较小。此外，RGGI 所涵盖的只是美国国内的州，这些地区之间的差异远小于欧盟成员之间的差异，不涉及不同的主权范畴，其分配结构为相对较为严格的自上而下的分配结构，减排目标首先在各成员地区之间分解，之后由各地区根据自身的特点进行分配。

WCI不同于RGGI，它的正式成员不仅包括美国的7个州，还包括加拿大的4个省，而且它的观察成员也很国际化，包含2个美国的州、6个墨西哥的省和6个加拿大的省，涉及不同主权和整体。因此，WCI的配额分配结构采取了自下而上的较为松散的分配结构形式，由各地区制定自身的排放预算，区域减排目标是根据地区减排目标计算而来的。然而，自下而上的分配方式比较松散，容易引起排放许可的过量发放，因此，在其灵活机制中，设定了保留价格机制。

MGGRA对煤炭等化石能源的依赖较为严重，它覆盖的温室气体排放量最大，减排目标最高。为了实现其较为严苛的减排目标，MGGRA并没有采取WCI那种自下而上的较为松散的分配结构，而是采取了自上而下的地区分解，之后由地区进行分配。与RGGI不同的是，为了降低排放许可分配对成员地区竞争力的不同影响，MGGRA采取了较为统一的分配方式，也即对不同地区如何分配到行业和排放源进行了详细的规定，而且直接发放到排放源的排放许可也全部采取收费制。可以看出，MGGRA减排目标和排放许可分配的设计非常严格。为了避免其对经济造成过大的冲击，MGGRA成本控制机制设计也最为灵活，比如排放许可储备机制、控制期机制、抵消机制、4个价格阈值及排放许可的借入机制等。

3 对未来联邦层面排放配额交易机制的影响

美国联邦层面排放配额交易制度设计可以有两条路径。第一，在现有区域排放配额交易机制的基础上发展而成。这可能需要很长的时间，需要充分考虑各个区域排放配额交易机制之间的对接。第二，美国联邦重新制定。这一路径可以相对较快地实现，但是需要考虑到诸多联邦和各州法律、法规问题，以及与现有排放配额交易机制的对接问题。RGGI、WCI和MGGRA都会努力对联邦层面的排放配额交易机制的设计施加影响，使之与自身的设计规则相似甚至一致，同时确保他们发行的排放许可被联邦排放配额交易机制认可，使本区域企业早期减排行动的利益得到保护。

由于没有覆盖电力进口商（销售商），RGGI可能存在碳泄漏问题，因此，它希望能够建立联邦层面的排放配额交易机制，这样可以避免碳泄漏。WCI和MGGRA都将相关的进口商或者销售商纳入排放配额交易体制，这样就大大降低了碳泄漏的风险。它们对可能出现联邦层面的排放配额交易机制的关注更侧重于机制之间的对接问题。

MGGRA 在 2009 年 5 月 6 日提出了联邦排放配额交易机制设计的原则。比如，在技术条件允许的情况下，尽可能覆盖较多的行业和排放源，排放许可收入全部用于气候变化相关的用途，确保环境目标的实现，应该采取较为适中的收费制和拍卖制等。除了这些比较共性的排放配额交易机制设计外，它制定了三条原则来确保 MGGRA 区域利益：第一，确保地区的公平，尤其要考虑到各个地区减排的负担不同、遭受到的冲击不同，因此，联邦层面的配额交易机制的设计应该对煤炭依赖性、能源型密集型行业比重很大的中西部地区给予特殊的考虑。第二，排放许可的分配除了拍卖方式外，取消免费发放，采取适度的收费制。第三，灵活和多样化的成本控制机制。这些设计不仅充分考虑了 MGGRA 的区域利益，而且纳入了具有 MGGRA 特色的设计，这会降低 MGGRA 的对接成本。

排放配额交易机制的设计越相似，对接的成本就越小。从覆盖范围、减排目标、分配结构和成本控制机制及机制覆盖区域的经济发展特点看 RGGI、WCI 和 MGGRA 制度设计的差异，联邦层面的排放配额交易机制需要充分考虑区域经济发展的差异、现有排放配额交易机制的设计及与之对接引起的相关成本等问题，否则，就会遭到来自这些地区的种种阻力，在参议院通过的可能性也会大大降低。在哥本哈根世界气候大会前夕众议院批准通过的《美国清洁能源和安全法》，最终在参议院没有通过，原因有很多。其提议建立联邦层面的排放配额交易机制主要考虑了行业差异，并没有考虑区域差异，更没有考虑与现有美国区域层面的排放配额交易机制的对接问题，甚至可能导致现有 RGGI 的失效和终结，大大降低了其在参议院通过的可能性。

4 对我国碳排放配额交易制度设计的启示

为了实现 2020 年碳强度减排目标，我国已经采取了很多措施，这些措施确实可以达到一定的减排目的，但是却并不能确保 2020 年减排目标的实现。实现特定碳减排数量或强度目标的最佳工具就是碳排放配额交易机制。我国越来越重视碳排放配额交易机制，并对中国未来碳排放配额交易的发展给出了更为积极的信号。2010 年 10 月，《国务院关于加快培育和发展战略性新兴产业的决定》首次提到，要建立和完善主要污染物和碳排放交易制度。美国区域排放配额交易制度的设计对我国碳排放配额交易制度具有很重要的借鉴价值。

第一，碳排放配额交易制度与经济冲击。碳排放配额交易制度关于减排政策最大的担忧仍然是其对经济造成冲击的不确定性。我国排放配额交易机制通过设定成本控制机制，缓解其对经济的冲击。当减排目标较为严格，排放许可交易价格比较高的时候，可以通过投放排放许可储备、延长履约期、扩大使用抵消机制等措施，来避免其对经济造成的冲击。碳排放配额交易机制拥有比较灵活的成本控制机制，这也使得它比碳税更为可行。

第二，碳排放配额交易制度与区域经济发展问题。中国幅员辽阔，区域经济发展水平差异显著，呈现东高西低的空间特征，中国区域经济增长失衡严重。而能源强度或碳排放强度则呈现与经济发展水平相反的空间特征：西部地区最高，其次为中部，东部最低。减排政策如果设计不当，会对比较依赖碳密集型行业的中西部地区经济造成更为不利的影响，加剧我国区域经济发展失衡状况。我国应充分利用碳排放许可的初始分配，缓解其对区域经济失衡造成的影响，如分配结构采取两阶段分配方式，排放许可的区域分解标准充分考虑区域发展水平，向欠发达地区倾斜。

第三，碳排放配额交易制度的路径。我国碳排放配额交易制度的设计必须兼顾我国国情，遵循循序渐进、逐步完善的原则。为了避免制度实施初期诸多不确定性的影响，我国碳排放配额交易制度覆盖行业和覆盖区域可以逐步扩大，分配结构可以由自下而上的较为松散的结构逐步向自上而下的较为严格的分配结构转化，分配方式逐步由免费发放向拍卖转化，成本控制机制由宽松转向严格，制度框架由自愿性向强制性转化。

第四，区域试点与全国性碳排放配额交易制度。碳排放配额交易制度会提高试点区域碳排放成本，影响试点区域竞争力，可能会引发机制覆盖行业及其关联产业的空间转移，产生碳泄漏风险，并对试点经济发展造成巨大的冲击。这就需要区域经济发达，有较强的抗风险能力，而且试点区域竞争优势足以弥补碳排放成本上涨的影响，试点机制覆盖行业易于检测，并且可以容易区分调入调出，如对于华北电力行业试点就满足以上条件。此外，全国性碳排放配额交易制度可以从一个区域试点开始，逐步扩大覆盖区域，直至覆盖全国；也可以同时开展多个区域试点，之后逐步实现其对接，发展为全国性的碳排放配额交易制度，这种情形下需要中央对试点区域制度设计进行指导，使不同试点制度设计框架相似甚至一致，为全国碳排放配额交易制度的构建创造条件。

协同控制战略对我国发展绿色经济的潜在作用

□ 刘　嘉[1①]　秦　虎[2]　张建宇[2]

（1. 清华大学环境学院；2. 美国环保协会中国项目）

摘要："十二五"时期，我国将在转变经济发展方式、调整产业结构、促进绿色发展转型的同时，全面推进主要污染物的总量减排，并进一步降低 CO_2 排放强度。在此背景下，在绿色发展转型的过程中纳入协同控制战略思想并用以综合应对气候变化和节能减排就显得尤为重要。本文介绍了绿色经济的提出，从我国发展绿色经济面临的机遇与挑战入手，分析探讨了协同控制战略对发展绿色经济的潜在作用，并对未来协同控制战略的研究、示范与应用提出了一些建议。

关键词：绿色经济　协同控制　绿色发展　绿色技术

The Potential Role of Co-control Strategy in China's Green Economy Development

Liu Jia, Qin Hu, Zhang Jianyu

Abstract: During the 12th "Five-Year" period, China will promote the total emission reduction of major pollutants comprehensively, and reduce CO_2 emissions intensity further, in the meanwhile to transform the economic development mode, adjust the industrial structure, and promote the transformation to develop green economy. Against this background, it's very important to bring the Co-control strategy into China's green development transformation, in order to deal with climate change, energy conservation and emission reduction synthetically. This paper introduced the proposing of the green economy, started with the analysis of opportunities and challenges which

---

① 刘嘉，通信地址：清华大学环境学院；邮编：100084；邮箱：lugar@tsinghua.org.cn。

China's green economy development faced with, analyzed the potential role of the Co-control strategy in developing green economy in China, and a few recommendations on the research, demonstration and application of Co-control strategy in the future are proposed.

Key words: Green economy Co-control Green development Green technology

近年来，绿色经济的提出迅速引起了国内外社会各界的广泛关注，并获得了前所未有的发展良机。以联合国环境规划署为代表的众多国际组织和学术机构纷纷提出了对绿色经济理念的定义和发展蓝图，各国政府也宣布并采取了一些相关政策和行动来响应绿色经济的发展。我国政府和学术界也在近十多年的政策制定和建议中，提出了许多诸如科学发展观、建设环境友好型与资源节约型社会及循环经济等与绿色经济相关的经济发展方式及理念。

然而，由于我国正处于工业化中后期阶段，城市化进程也在加快推进中，未来我国能源需求仍将较快增长，污染减排形势也依旧不容乐观，同时，还面临着越来越严峻的温室气体减限排压力。在这种背景下，我国如何进行绿色发展转型、争取早日迈入绿色经济发展阶段将面临着很多特殊的考验和挑战。其中，最核心的问题是如何在发展绿色经济的过程中协同满足其对节约资源、保护环境、应对气候变化及转变经济发展方式等各方面要求。要想打开这个局面，在战略和政策层面进行不断地开拓和创新是非常重要的。协同控制作为近年来提出的一项新兴的战略思想和政策理念，协同节能环保降碳与经济和社会的发展、协同控制污染物和温室气体排放逐渐成为我国跨越能源约束、提高环境质量、应对气候变化、迈入绿色发展的有效途径。

目前，根据已颁布的《环境保护“十二五”规划》、《“十二五”控制温室气体排放工作方案》和《节能减排“十二五”规划》，“十二五”时期我国将在工业、建筑、交通和农业等重点行业同时开展节能减排与温室气体控制工作，对上述重点行业在“十二五”时期的节能减排降碳指标也都予以了明确的设定。因此，用协同控制的战略思想全面指导我国的节能减排与应对气候变化工作就显得尤为重要，而分析协同控制对发展绿色经济的潜在作用也就具有重要的战略意义。

1 绿色经济的提出

“绿色经济”最早是英国环境经济学家大卫·皮尔斯在其著作《绿色经济蓝

图》中提出的[1]。环境经济学认为经济发展需基于自然资源、环境、生态和人类的自身可承受力，因此绿色经济也正是在这种背景下，作为一种与工业时代基于大量矿石能源消耗的黑色经济发展模式相对的经济发展模式得以提出。进入21世纪以来，特别是2008年爆发了全球性金融危机之后，绿色经济的概念迅速引起了国际社会各界的广泛关注，并获得了前所未有的发展良机。2010年，联合国环境规划署发布了《绿色经济：发展中国家成功的故事》，将绿色经济定义为一种“可改善人类福祉和社会公平，并显著降低环境风险和生态稀缺性”的经济发展方式[2]；2011年，其又进一步发布了《绿色经济报告》，描绘了全球经济可持续发展的新蓝图，指出绿色经济是一种能更好地利用自然资源，同时对经济发展、促进就业、消除贫困、保护环境、应对气候变化及促进可持续发展均有益处的，更高效、更公正的经济发展模式[3]。

面对国际社会中绿色经济的逐渐升温，我国也宣布并采取了一系列政策与行动予以响应。实际上，在近十多年的政策制定中，中国政府和学术界早已提出了许多与绿色经济相关的经济发展方式理念。20世纪90年代末，中国政府在“九五”规划和《节约能源法》中就已提出要转变经济增长方式，节约能源，保障经济和社会发展。21世纪初以来，我国政府对经济发展方式进行了不断地探讨和创新。2003年，中国政府提出了“科学发展观”并于“十一五”期间将节能减排列入了国民经济和社会发展五年规划；2007年，十七大报告指出“建设生态文明，基本形成节约能源资源和保护生态环境的产业结构、增长方式、消费模式”；2008年，《循环经济促进法》颁布，意味着中国的循环经济进入全面推进阶段；2009年，国务院宣布我国将制定能源结构调整和温室气体自主减排目标，并将非化石能源目标和碳强度下降目标列入“十二五”规划；2010年，我国政府在《国民经济和社会发展第十二个五年规划纲要》中正式提出要“绿色发展，建设资源节约型、环境友好型社会”。2011年，中国环境与发展国际合作委员会[4]发布的《中国绿色经济发展机制与政策创新研究》专题报告中将绿色经济定义为：绿色经济是一种将环境与资源的保护和可持续利用，作为经济活动各个环节、各个领域中基本目标和动力的经济模式，以降低经济发展对环境的损害和资源的消耗，实现经济、社会和环境的协调发展。

从国内外对绿色发展历程的探讨及对绿色经济概念的定义可以看出，绿色经济发展模式强调应协调经济、社会和自然环境之间的关系，即实现经济、社会和环境的协同发展，其战略意义中包含资源节约型、环境友好型经济及循环经济的取向和特征，这与我国当前落实科学发展观、建设两型社会都是不谋而合的。近年来提出的协同控制概念从狭义角度可解读为不同污染物的协同控制或者大气污染物与温室气体的协同控制技术层面，而从广义角度也可拓展为协同经济发展与环境保护、应对气候变化的宏观战略层面。因此，协同控制战略的本质与发展绿色经济具有异曲同工之妙，将协同控制战略思想纳入绿色经济发展范畴也就显得尤为重要。

2 绿色经济的机遇与挑战

从绿色经济的发展历程来看，它仍是一个处于不断完善之中的新的经济发展形态；但就其核心理念而言，它仍是以实现经济、社会和环境的可持续发展为根本目的，因此其本质仍是可持续发展经济。由于我国现阶段的经济与社会发展面临着资源、环境及国际社会要求承担温室气体限排义务的多重压力，我国发展绿色经济在存在机遇的同时也面临着很多挑战。

2.1 绿色经济的机遇

绿色经济之所以近年来备受国际社会的密切关注，主要原因在于全球经济发展均面临着如何跨越能源壁垒、满足环境约束并达到社会共赢等共同问题。特别是从商业前景来看，绿色竞赛已成为全球经济的重要驱动力之一，这也促使了发展绿色经济成为各国的核心战略之一。

目前，我国政府已提出了一系列与发展绿色经济有关的经济发展理念，并在节能减排领域取得了显著成绩，这为绿色发展打下了一定基础；其次，我国已开始注重转变经济发展方式，促进产业结构调整，而发展绿色经济也将有利于促使我国进一步进行经济发展转型；另外，我国在节能减排领域工作的推进已加大了在绿色领域的投资，提升了科技创新能力，发展绿色经济将有助于进一步改善我国的投资环境；最后，我国在应对气候变化工作中加强了与国际社会的合作，而发展绿色经济将进一步促进国家应对气候变化和全球经济波动的能力建设。

因此，我国若能抓住发展绿色经济这个契机，对于国家形成新的经济增长点以促进就业，转变经济发展方式并进一步调整产业结构，有效提升科技研发水平以大力发展绿色技术，推动节能环保产业以实现经济与社会的可持续发展都将是大有裨益的。

2.2 绿色经济的挑战

与发达国家相比，我国发展绿色经济面临着许多特殊性挑战和障碍。

首先，作为一个发展中国家，中国发展绿色经济的最大挑战是如何融资满足高昂的绿色投资需求。绿色投资主要包括相关设备投资和原材料投资，以及在技术和人员方面的投入等。联合国环境规划署发布的《绿色经济报告》称，从现在起至2050年，将全球国内生产总值的2%（约为1.3万亿美元）用于绿色投资可推动全球向绿色经济转型[3]。而据《国家环境保护“十二五”规划》测算，“十二五”期间仅环保投资需求就高达3.4万亿元[5]。若再加上节能及应对气候变化等领域的投入，巨额的绿色投资需求显然已成为中国发展绿色经济的最大挑战之一。

其次，我国发展绿色经济还面临着国际社会绿色行业的壁垒和阻碍，特别是在全球碳排放空间受限的情况下，清洁能源技术及低碳技术的转让面临着很大阻碍。很多发达国家为保障其国内经济发展和进出口贸易，常常通过贸易法规来设置绿色标准壁垒。另外，作为全球推进绿色发展的重要手段，虽然加强绿色技术的国际转移在历次会议中均被提出，但其问题本质涉及国际利益和国际政治问题，导致绿色技术转移的进程步履非常缓慢。因此，如何突破绿色行业的壁垒和阻碍，使绿色发展不受短板效应的限制，也成为发展绿色经济的重要挑战。

最后，我国促进经济发展的相关政策和措施尚缺乏有机协同，区域间的发展协调机制也有待进一步完善，影响着全面绿色转型进程。目前，我国各部门在制定政策时受体制限制，缺乏协同机制支撑，如环保政策缺乏与经济社会发展政策的协调，能源政策与生态环保政策缺乏协调，特别在环保与低碳发展政策的制定和实施中，表现出低碳不环保、环保不低碳等情况[6]。因此在制定如节能、污染物减排与温室气体控制等具有同源性而又互相产生影响的政策时，易导致此消彼长，影响政策实施效果。同时，我国不同区域间发展水平差异也较大，在发展绿色经济时也要注意落后产业和污染转移问题，需用具有协同控制战略思想的全局观指导绿色发展。

综上所述，我国在发展绿色经济时必须要考虑到其投资需求大、政策协调性需求高及面临国际社会绿色行业壁垒等挑战和阻碍。我们需要应用系统观来全流程地看待绿色发展问题，避免“头痛医头，脚痛医脚”；需要运用大局观来全面地看待绿色发展，避免“压下葫芦起了瓢”；还需要从国际视角和国家利益出发看待绿色发展，避免因局部受限而导致全局驻足不前。但最重要的，还是要通过政策与机制的创新，推动绿色经济的发展。而协同控制战略就是一个可能的政策创新的解决方案，应对其予以重视并分析其对发展绿色经济的潜在作用和贡献。

3 协同控制战略对我国发展绿色经济的潜在作用

从技术层面讲，协同控制只是指能够产生协同效应并使效应最大化的相关控制措施[7]。关于协同控制政策与技术层面的介绍及其在中国的应用，很多学者已做过相关研究[8~18]，这里不再赘述。本文想表述的协同控制是从更广义的角度，将其理解为协同经济发展与环境保护、应对气候变化的宏观战略层面，可将其定义为各政策制定方为完成共同的目标和任务，所制定的协调一致的战略与行动。因此，从这个角度讲，它与宏观经济学中的政策动态一致性有些相似但又不完全相同，而更接近于福利经济学中帕累托改进的概念。总体来看，本文提到的协同控制主要指其广义战略层面，且由于它着眼于全局而具有系统观、大局观和非唯一性，它对我国进行绿色发展转型、发展绿色经济具有非常重要的潜在战略作用，具体而言主要有以下三点。

1）综合比选减排措施，降低末端控制投资及综合减排成本

由于污染物减排和温室气体控制各自处于的管辖范围和物理边界不同，各领域单独应对时均会倾向于利用末端控制措施来立竿见影地达到控制效果。考虑到末端控制设施投资较高，同时各污染物和温室气体的控制去除设备集成性较差，这将导致总体投资高昂且减排成本过高。而协同控制战略将从整个节能减排降碳的全局来看待污染物减排和温室气体控制问题，这将从整个系统对各减排控制措施进行综合比选，有利于降低末端控制的设施投资和综合减排成本。Tollefsen 等研究了在欧盟大气质量控制战略中纳入减缓气候变化因素所产生的协同效应，估算大气污染控制措施所产生的减缓气候变化的协同效应约为 25 亿欧元[19]。另外，欧盟环境署研究测算了为达到 2030 年温室气体减排目标所采取的措施对局地大气污染物的协同效应，结果也表明实施协同减排方案将使局地大气污染控制的年成本降低 25%左右[20]。

2）突破绿色发展行业壁垒和绿色技术转让障碍，及早进行绿色转型

如前所述，我国发展绿色经济还面临着国际社会绿色行业壁垒和绿色技术转让的阻碍。由于各国经济发展均受到全球碳排放空间的限制，在这种情况下，各国均将清洁能源技术及低碳技术等视为国家的核心竞争力之一，并设置了一定的壁垒和障碍。若受制于某一领域的僵局而无法摆脱，则会使整个经济的绿色转型与发展停滞不前。由于协同控制战略着眼于全局，从整个系统和大局去综合考虑发展绿色经济中面临的各种问题，因此它也许可将各个领域、各种技术予以融合和结合，使我国从某一领域的绿色技术转让僵局中摆脱出来，及早迈入绿色发展。

3）全面看待不同领域、行业、区域间的关系，促进全面的绿色发展

目前，我国节能环保的管理部门分别是国家发改委和环境保护部，不同行业和区域的管理部门分别是其他相关部委及地方政府，各部门在制定管辖领域的政策时易限于本部门职权，又缺乏协同机制支撑。若各部门在制定如节能、污染减排与温室气体控制等具有同源性而又互相有所影响的政策时，用协同控制战略思想从全局出发指导各领域工作，加强各管理部门、各行业和区域间的协调与合作，就可以避免出现此消彼长等情况，促进国家全面的绿色发展。

综上，因协同控制战略从发展绿色经济的全局着眼，用系统观和大局观指导绿色发展，可将各领域予以融合，且不易受制于某一领域，对我国降低综合减排成本、及早进行绿色转型、全面发展绿色经济均有着非常重要的潜在作用。如果中国可以通过协同控制战略的实施从而在发展绿色经济的过程中实现节约资源、保护环境、应对气候变化及转变经济发展方式的协同发展，那么协同控制战略将不仅仅发挥出其对污染物减排与控制温室气体的协同作用，还将在促进绿色经济的可持续发展全局中发挥至关重要的战略作用。

4　结语

目前，国际社会中一场以强调实现经济、社会与环境的协同发展为最终目标的绿色革命已经打响。作为一项新兴的战略思想、政策理念及机制选择，协同控制战略对于我国发展绿色经济具有至关重要的战略意义。总体而言，因为协同控制战略将从整个系统对各减排控制措施进行综合比选，降低综合减排成本，且不局限于某一领域，可突破绿色发展行业壁垒和绿色技术转让障碍，及早进行绿色转型；同时，从发展绿色经济的全局着眼，综合地看待不同领域、行业、区域间的关系，全面地发展绿色经济，为我国未来的绿色发展提供了一种重要的战略选择、一个突破国际壁垒障碍的机遇和全面发展绿色经济，促进可持续发展的可能。

现阶段，我国已利用模型和案例从不同视角对协同效应进行定量评估，以及从协同控制战略及方案设计等方面开展了相关研究，为协同控制战略未来在我国的应用奠定了一定基础。但由于协同控制战略涵盖的领域和内容非常丰富，我国应持续密切关注和追踪国际社会在这方面的研究进展，对协同控制战略予以充分重视，加强对协同控制战略、政策、机制和技术等各个层面的研发投入；加快推动协同控制战略的示范和应用，可结合“十二五”期间节能减排降碳的

重点行业和区域开展示范，促进其在“十二五”规划的贯彻及未来中长期发展规划的制定中，对协同控制及早进行战略思考与示范实施；并分析协同控制战略对我国发展绿色经济过程中各领域的具体作用和面临的障碍，完善相关保障措施，促进协同控制战略的及早实施，使其为我国转变经济发展方式，全面推进绿色发展作出最大贡献。

参考文献

[1] Pearce D, Markandya A, Barbier E. Blueprint for a green economy. London: Earthscan, 1989.

[2] UNEP. Green Economy Developing Countries Success Stories. http://www.unep.org/pdf/GreenEconomy_SuccessStories.pdf [2010-12-30].

[3] UNEP. Towards a Green Economy: Pathways to Sustainable Development and Poverty Eradication. http://www.unep.org/greeneconomy [2011-12-15].

[4] 中国环境与发展国际合作委员会. 中国绿色经济发展机制与政策创新研究. http://www.cciced.net/zlk_1/cbw/procedings/sjwcagm/policyreport/P020120424548610185808.pdf [2012-04-24].

[5] 中央政府门户网站. 国务院关于印发国家环境保护“十二五”规划的通知. http://www.gov.cn/zwgk/2011-12/20/content_2024895.html [2011-12-20].

[6] 田春秀，於俊杰. 制定环境保护与低碳发展协同政策. http://www.cenews.com.cn/xwzx/gd/qt/201103/t20110316_700316.html [2011-03-17].

[7] Hu T. USEPAIES Program. Co-benefit Analysis and Policy Making: A Case Study from China. Policy Research Center of SEPA, 2007.

[8] 胡涛，田春秀，李丽平，等. 协同效应对中国气候变化的政策影响. 环境保护，2004，(9)：56-58.

[9] 田春秀，李丽平，杨宏伟，等. 西气东输工程的环境协同效应研究. 环境科学研究. 2006，19 (3)：122-127.

[10] 董建勋，李辰飞，袁德，等. 燃煤电厂多种污染物控制技术现状及发展. 热力发电，2007，(4)：14-17.

[11] 胡涛，田春秀，李丽平，等. 修订城考指标体系的政策建议. 环境与可持续发展，2007，(5)：55-57.

[12] 王金南，严刚，姜克隽，等. 应对气候变化的中国碳税政策研究. 中国环境科学，2009，(1)：19-23.

[13] 高颖，李善同. 征收能源消费税对社会经济与能源环境的影响分析. 中国人口·资源与环境，2009，19 (2)：30-35.

[14] 李丽平，周国梅，季浩宇，等. 污染减排的协同效应评价研究：以攀枝花市为例. 中国人口·资源与环境，2010，20 (5)：91-95.

[15] 何建武，李善同．节能减排的环境税收政策影响分析．数量经济技术经济研究，2009，(1)：31-44.
[16] 王志轩，张建宇，潘荔，等．中国电力减排研究．北京：中国市场出版社，2011.
[17] 盛青，武雪芳，李晓倩，等．中美欧燃煤电厂大气污染物排放标准的比较．环境工程技术学报，2011，(6)：512-516.
[18] 毛显强，曾桉，胡涛，等．技术减排措施协同控制效应评价研究．中国人口·资源与环境．2011，21 (12)：1-8.
[19] Tollefsen P，Rydpal K，Torvanger A，et al. Air pollution policies in Europe：efficiency gains from integrating climate effects with damage costs to health and crops. Environmental Science & Policy，2009，12 (7)：870-881.
[20] European Environment Agency. Air quality and ancillary benefits of climate change poli cies. EEA technical report. http：//www. eea. europa. eu/publications/technical_ report_ 2006 _ 4 [2006-06-01] .

征稿通知

【刊物宗旨】

《环境经济与政策》由中国科学院虚拟经济与数据科学研究中心、环境保护部环境规划院、中国人民大学环境学院主办，中国环境科学学会环境经济学分会提供学术支持，科学出版社出版的一份环境经济与环境政策的专业学术刊物，每年出版两期。

《环境经济与政策》坚持以学术为主，采用国际学术刊物通行的匿名审稿制度，倡导严谨的学风，鼓励理论与实证研究相结合，为中国的环境经济与环境政策研究者提供一个论坛。

《环境经济与政策》设“研究论文”、“综述评论”、“政策动向”和“书评”等栏目。“研究论文”栏目发表原创性的理论、实证研究文章。“综述评论”栏目刊登关于学术理论、学术观点和研究动向的综述和评论文章。“政策动向”栏目刊登介绍国内外环境政策最新动向的文章。“书评”栏目刊登环境经济与环境政策及相关领域新近出版的中外文学术著作的介绍和评论文章。

《环境经济与政策》只刊登未发表过的稿件，不接受一稿两投。投稿以中文为主，被录用的外文稿件由编辑部负责翻译成中文，由作者审查定稿。

《环境经济与政策》只接受电子版投稿，不用纸稿。稿件请发至：eepchina@gmail.com。编辑部在收到稿件后两个月之内给予作者答复。稿件如被录用，编辑部将向作者提供录用通知。作者如有疑问，可向编辑部询问稿件处理情况。编辑部设在中国科学院虚拟经济与数据科学研究中心绿色经济研究室，地址：北京市海淀区中关村东路 80 号 6 号楼 207 室，邮编 100190。

【投稿规定】

投稿应遵照以下体例要求。

（1）稿件第一页应该包括以下信息：①文章标题；②作者姓名、所属单位一级通信地址、电话和电子邮件地址；③致谢（如果需要的话）。

（2）稿件第二页应该提供以下信息：①文章的中文标题；②中文摘要（200 字以内）；③中文关键词（5 个以内）；④文章的英文标题；⑤英文摘要（300 字

以内)；⑥英文关键词（5个以内)。

(3) 正文字数原则上不超过10 000字，采用五号字体，中文为宋体，英文为Times New Roman。行距为1.5倍。

(4) 正文的1、2、3级标题分别按1，1.1，1.1.1编号，各级标题一律左起顶格书写。

(5) 表格格式为三线格。表格标题为中英对照，在表格上方居中。图的标题为中英文对照，置于图下方居中。图表在文中必须有相应的文字说明，图表各项必须清晰，单位、图例等项齐全。

(6) 注释采用脚注。脚注编号以本页为限，另页如有脚注，另从①起编号。

(7) 参考文献只列文中引用的、公开发表的文献（未公开出版的用脚注说明)，按正文中引用文献的先后顺序，用阿拉伯数字从1开始连续编序号，序号用方括号括起，置于文中提及的文献著者、引文或叙述文字末尾的右上角，若遇标点符号，置于标点符号前。如果同一叙述文字见于多篇文献时，各篇文献序号置于同一方括号内，其间用逗号（不是顿号）分开；如果连续序号多于两个(不含）时，可用范围号连接起止序号。如果文献序号作为叙述文字的一部分，则文献序号与正文平排，并且每条文献都要加方括号。如果同一文献在文章中的不同处被重复引用，只在其第一次出现时标应标的序号，以后各处均标这同一序号。引用他人的资料和数据要认真核对，注明出处。参考文献体例如下表所示。

载体种类		著录项目与格式
普通图书	序号	著者．书名（正书名和副书名）．卷（册）．版次（初版除外）．出版地：出版社．出版年．页码
析出文献	序号	著者．析出文献名．载（见）或In：著者：书名．卷（册）．版次（初版除外）．出版地：出版社．出版年．页码
翻译类	序号	原著者．书名（原著版次，初版除外）．卷（册）．中文版次（初版除外）．* * 译．出版地：出版社．出版年．页码
期刊类	序号	著者．篇名．刊名．出版年．卷（期)：页码
报纸类	序号	著者．文章名．报名．出版年-月-日，版次
网页类	序号	著者．文章名．网页．下载年-月-日
专利类	序号	专利者．专利名称．专利号．出版年

示例如下：

Pearce D, Atkinson G. Capital theory and the measurement of sustainable development: an indicator of weak sustainability. Ecological Economics, 1993, 8 (2): 103-108

杨友孝，蔡运龙．中国农村资源、环境与发展的可持续性评估——SEEA方法及其应用．北京：地理学报，2000，55（5)：596-606

世界银行．扩展衡量财富的手段——环境可持续发展的指标．北京：中国环境科学出版社，1998

[illegible]

[illegible]	[illegible]	[illegible]

[illegible]

Pearce D, Atkinson G. Capital theory and the measurement of sustainable development: an indicator of weak sustainability. Ecological Economics, 1993, 8(2): 103-108.

[illegible]